教育部职业教育与成人教育司推荐教材
职业教育改革与创新规划教材

室内装饰设计

——手绘方案设计案例分析

康 超 刘 飞 编

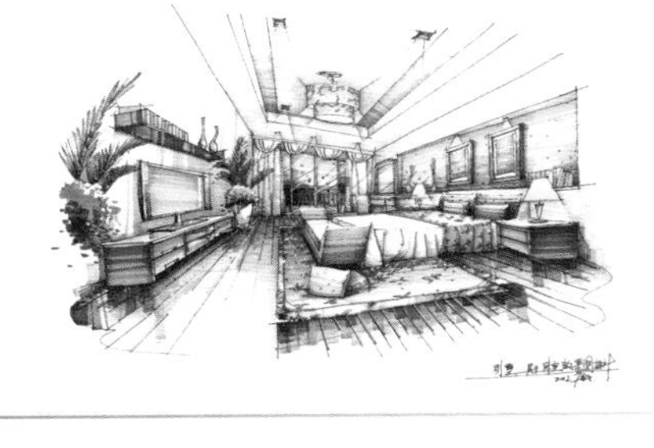

机械工业出版社

本书内容共分五部分，第一章为手绘方案设计概述，主要阐述室内手绘方案近年来的发展历程，并指明当前室内设计专业初学者普遍存在的问题，进而说明学习室内手绘的重要性，并确立学习手绘的正确理念与方法。第二章为家居空间手绘方案设计，主要讲述现代家居空间的基本设计理论与方法，并通过丰富的案例教学，使初学者对家居设计有一个较深层次的学习与认识，树立起正确的做设计的程序与方法。第三章为商用公共空间手绘方案设计，主要讲述酒店会所，办公、餐饮等常见的商用公共空间的设计，使读者对这几种类型的设计有一个基本的了解，并初步掌握做此类型空间设计的方法。第四章为展示空间方案设计，主要介绍展示空间设计中的卖场与文化展示场馆两种最为常见的展示类型，初步向读者说明做此类型空间设计的基本要点，并通过手稿案例说明，使学习者掌握做这两种空间设计的方法。附录部分为优秀作品欣赏，这些作品选自历年来“和谐杯室内手绘设计大赛”的一、二等奖的作品，对学习手绘者有较好的示范作用。

该书涉及室内设计专业的范围广，内容详细，讲述条理清晰，书中所选的部分案例为广东省内较有影响力的室内装饰设计技能大赛的获奖作品，因此对考取国家《室内装饰设计师》职业资格证和技能大赛培训的中高职院校的学生有较好的指导和参考意义。

前　言

近年来，不管在业界内还是在社会上，“手绘热”悄然升起，尤其是在室内装饰设计界的大力倡导下，手绘已较几年前比较热门的 3D 计算机绘图更受欢迎。不管是在大中专院校还是在社会专业培训机构，都在大力宣扬手绘的重要性，因为手绘方案表现是设计师重要的设计意图表达方式之一，也是现在众多设计公司考察设计师是否具备较高设计能力的重要标准。随着现代化快节奏社会的发展，出手稿方案速度的快慢显得尤为重要，所以手绘的快捷与专业性显露无遗，被业界内、外广泛接受。

随着“手绘热”的到来，目前市面上室内手绘相关教材种类繁多，但这些教材侧重点过于单一，基本上都是以手绘技能表现为主，为手绘表现而表现，背离了手绘应跟从于方案设计的原则。另一方面，室内设计类的教材都比较侧重理论，而缺少实际的设计项目，因此以上两类教材都缺少具有专业特色和专业技能应用的特点。

本书首先介绍室内手绘近年来的发展历程，强调手绘在设计中的重要作用，进而展开讲解在室内设计过程中如何运用“手稿”组合方案。本书以项目教学法为主，通过实际案例强调手绘设计不仅包含了手绘透视效果图的表现，也包括了装饰施工图的设计表现，进而阐明手稿方案是怎样组合起来的。另外本书在选材上以国家《室内装饰设计师》职业资格一级、二级为标准，涵盖了居住空间、酒店会所、办公写字楼、商业展示空间等，内容包括范围之广，对于报考室内装饰设计师职业资格证书的在校大中专学生、社会从业人员具有一定的学习指导意义。

本书在编写过程中得到了奋斗在中高职教学一线专业教师们及优秀学生们的支持，同时也得到了广东省装饰职业技能鉴定所的大力支持与指导，在此表示衷心的感谢！由于时间仓促，教材内容难免会有不足之处，敬请广大读者、同仁提出宝贵意见。

编　者

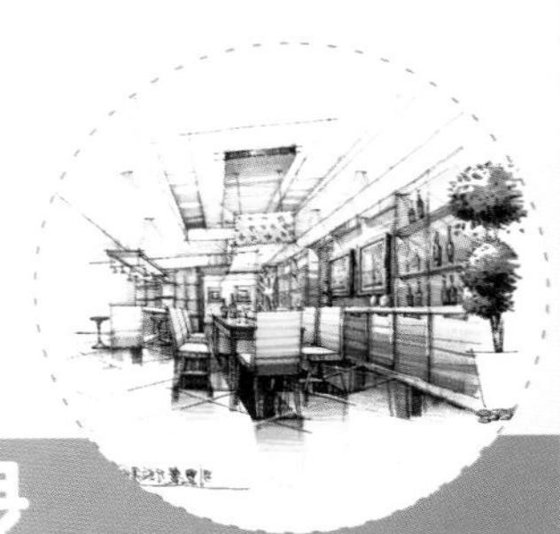

目 录

第一章

手绘方案设计概述

第一节　室内手绘的发展历程

我国的室内设计专业起步于20世纪50年代，最早在中央工艺美术学院开设此专业。手绘是随着室内设计专业的兴起而产生的，起初手绘表现是室内装饰设计方案最为主要的表达方式，由于当时绘图技术的局限性，图纸只能通过人工绘制完成，而不像今天完全可以利用计算机绘图技术精确绘制。但早期的手绘图却有它的简便特点：可以使用墨笔、碳笔等工具，通过线勾或素描的方式就可以快速、清晰地勾绘出设计师最初的设计构思，然后再一步步地细化，最终手绘画出用于施工的单色图或淡彩图，这就是最为原始的手绘方案设计图纸，如图1-1所示。

图1-1　水彩表现（作者：佚名）

随着室内设计的快速发展，手绘图的表现形式也开始丰富起来，但是设计图纸要遵循一个原则，那就是方便快捷性，而不能与油画写实表现那样等同在一起，毕竟室内装饰设计图纸不是纯粹的艺术创作，它是一种商业服务，要突出商业的快捷性，容易表达设计的主题思想即可。所以最早期的手绘图纸上色也是以钢笔淡彩表现为主，色彩原料多以水彩为主，如图 1-2~ 图 1-4 所示。到了 20 世纪七八十年代基本上以水粉表现为主了。到了 20 世纪 90 年代随着美术马克笔、彩铅、喷笔表现方法的流行，室内手绘表现图有了一次较大的飞跃，特别是马克笔、彩铅易上手的特点刚好符合室内商业手绘图表现的需要，被设计业界广泛接受，另外喷笔手绘图也在这时流行，它的表现相比马克笔而言更加细腻、写实，但绘制步骤较为烦琐，速度自然就比较慢，但比较符合高端客户的欣赏标准，一般只作为大型工程招标时用。由于手绘表现形式丰富，所以也在这个时期手绘表现可谓达到了顶峰。

图 1-2　水彩表现（作者：康超）

与此同时，以计算机 PC 软件为代表的绘图技术也在快速的兴起，特别是 CAD 建筑绘图、早期的 3ds 三维绘图软件也开始起步，这些 PC 软件更新速度较快，基本上一年就会推出一个升级版本，再加上他们绘图的准确性和真实性，很快被业界的设计机构快速的接受、学习和推广，尤其是客户市场对此新兴技术反映良好，如图 1-5 所示。再加上当时社会上正在兴起“计算机热”，在国家政策的影响下，很多教学部门，如：艺术高校、社会培训机构也在极力推广计算机绘图，因此到了 20 世纪 90 年代中后期，业内做室内设计方案基本上是直接以计算机绘图设计为主了。

图 1-3　水彩表现（作者：佚名）

2000 年以后，在社会上人们都会有这样一个共识，做设计的就是做计算机绘图的，只要学会电脑设计软件，就可以做设计。因此这种共识在某种程度上也误导了一些高校教学部门和部分的装饰设计

图 1-4　黑白线稿（作者：吴世铿）

公司。他们认为只要是学习室内设计专业的，就必须要学会诸如 CAD 之类的设计软件，尤其是 3ds Max 制作的 3D 效果图，只要学得好就代表着高水平。所以学校教学很多时候只是在强调计算机应用技术，而忽略了对设计概念的学习，反而违背了学习设计的初衷。这就造成了学生花大量的时间在电脑软件上，忽略了对设计方法理论、施工工艺等方面的专业学习。这造成了设计专业的学生只会绘图，而不会设计；设计出的作品空洞无味，没有深度与创意，甚至设计的东西不能用于施工。这就在一定程度上使中国的室内设计水平基本上停滞不前了。

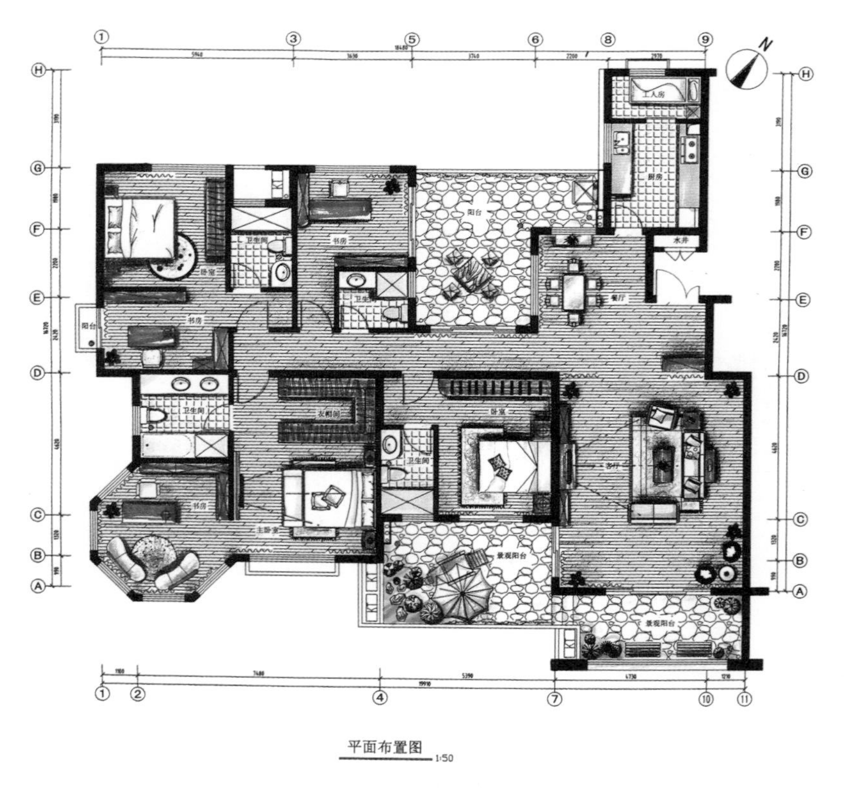

图 1-5　CAD 家居平面布局上色图（作者：陆敏仪）

就在这个时候人们才发现：如果只是一味地去强化电脑技能，那么设计人员就不是在做设计了，而是变成了绘图工具。因为设计是需要设计师通过发散性思维去进行创作的，这样才有创新，但电脑软件用久了就使得人的思维僵硬，总是用惯性思维去思考。设计的源泉是来自于灵感，灵感是瞬间即逝的，只有手绘才可以快速敏捷地捕捉到来自灵感的每一根线条、造型和五彩缤纷的色彩，如图 1-6 所示。所以近年来很多业内人士和教育界已经认识到这点，反过头来都在不断大力地倡导手绘对设计的重要性。尤其是现在比较知名的专业设计机构的设计师们都在用手绘方式进行方案创作。在此方面，以广州、深圳、上海为代表的沿海地区做得比较突出。如：广州美院的集美设计组，梁志天设计，广州星艺装饰以及国内八大美术学院等教学机构，自始至终都在走手绘创作的路线。

与此同时在一些经济比较发达的沿海城市，由当地的设计业界、建筑装饰行业协会、政府劳动与职业技能鉴定部门共同举办的“室内装饰设计技能大赛”都是以手绘快题表现的形式来进行比赛的。另外，国家级的室内装饰设计师职业资格考证中，手绘方案设计也被纳入其中作为重要考核内容，可见“手绘方案能力”已经在社会上和业界内具有较高的认知度。随着社会经济文化的发展，人们的艺术审美能力也在进一步提高，特别是比较高端的客户，对手绘艺术有较高认同度。另外，手绘也是室内设计师必须掌握的重要技能。

根据以上所述，手绘创作在室内设计中占有不可替代的位置，它是学习室内设计的基础，只有通过手绘的学习才能了解空间透视、建筑结构、空间形体组合、室内灯光与色彩搭配等一系列的空间美学原则。

图 1-6　客厅效果图（作者：梁春生）

第二节　手绘方案设计概念

随着经济社会的发展，人们的文化、物质水平也在不断地提高，因此对生活居住环境美的要求也越来越高，同时也对设计师们提出了更高的要求。近几年房地产业的快速发展更是带动了室内装饰产业，市场及业界内也对设计师的设计水平提出了更高的标准，特别是现场手绘表现能力，这要求设计师必须具有超强的手稿组合能力，因为“手绘”是设计师与业主、客户现场沟通的主要手段，也是当今一名优秀设计师必备的重要专业素质之一。如图 1-7 和图 1-8 所示。

图 1-7　客厅设计效果图（作者：康超）

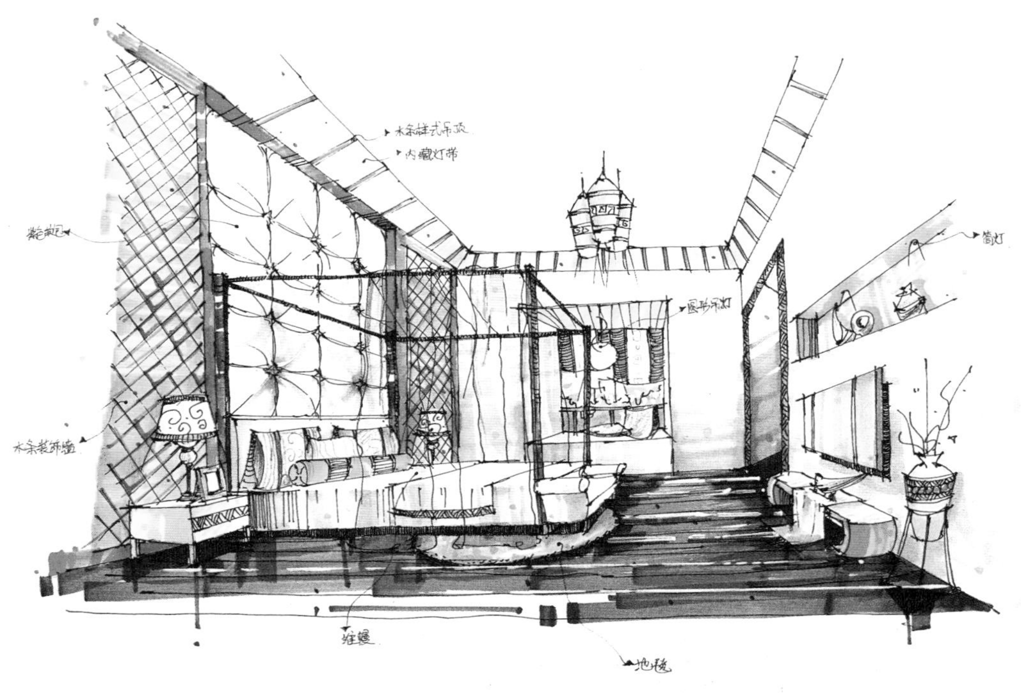

图 **1-8** 卧室效果图（和谐杯获奖作品）

一、室内手绘表现图的特点

1）表现力直接，方便快捷，易于表达设计思路。

2）能够体现出设计师的个人美学修养，及专业的造诣和艺术魅力。

3）设计师在做设计时可以抓住突发而致的设计灵感。

4）表现力自由随意，便于设计方案的深化、完善，便于业内的交流。

5）相对电脑效果图而言，更加生活化，具有人情味。

二、学习室内手绘图的重要意义

1）较好的提高学习者对三维空间的想象力以及认识掌握室内建筑构件的基本造型、做法和尺寸大小等。

2）加强并提高设计师的综合表现能力，提高设计水平。

3）有利于设计师的现场施工操作和指导。

4）彰显设计师的个人艺术才华及个性，如图 1-9 所示。

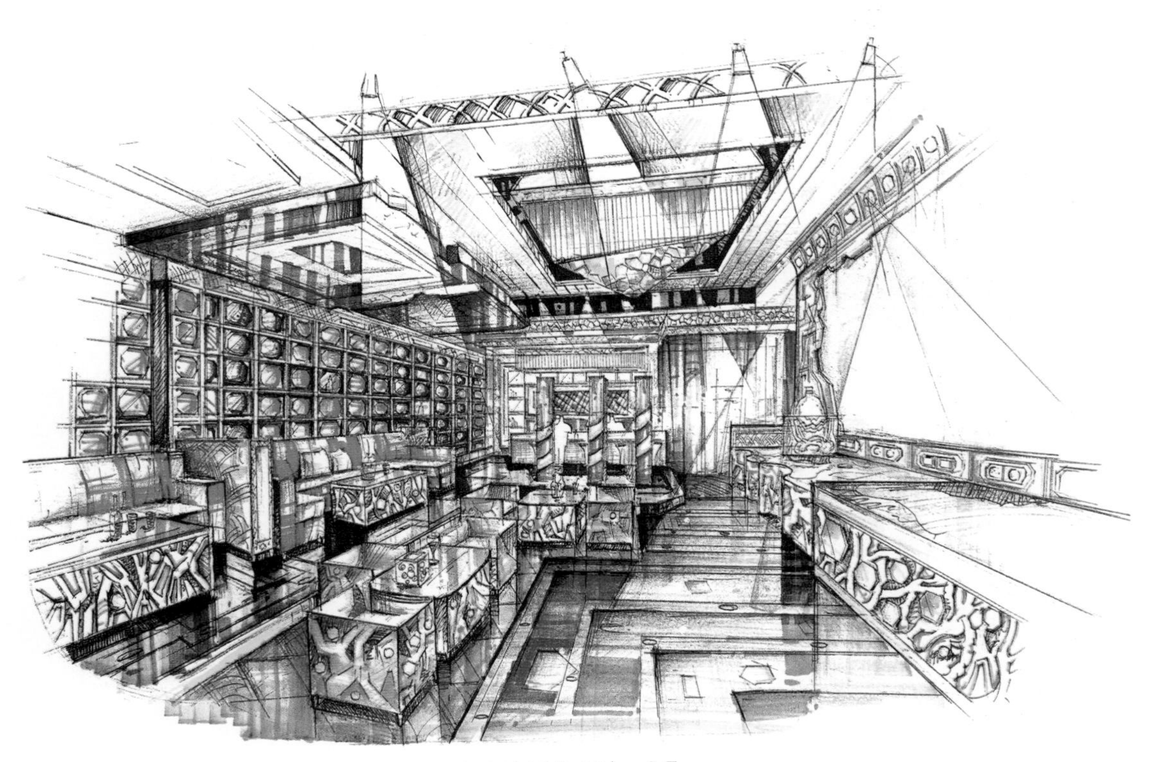

图 1-9　KTV 效果图（和谐杯获奖作品）

第三节　室内手绘方案设计程序

室内手绘方案设计是做设计正稿的前期准备阶段，也是绘制 CAD 装饰方案施工图必经的前期准备过程。如果少了此阶段，室内装修方案很难得到进一步完善与修改。正因为如此，做室内装饰中高端市场的设计方和客户方都很看重这点，特别是一些高端的上千万的室内装饰工程前期就必须做足方案深化的准备工作。因此掌握手绘方案设计的程序是比较重要的。

一、设计准备阶段

1）室内设计和任何设计一样，前期都要和设计的服务对象——客户做全面的沟通，了解客户的需求、意向，在交谈过程中了解客户的文化程度、职业、民族、信仰、嗜好等，这样才能针对客户量身订做适合他品位的设计方案。

2）设计师根据客户的情况确定设计概念：如文化定位、艺术风格定位，以及工程造价、工期等。另外除了收集客户方面的资料，同时也要根据客户的需求收集相关的设计素材，如成功的设计案例、设计作品集、原建筑平面图等，如图 1-10 所示。

二、初步设计阶段

1）进一步收集、分析、运用相关的设计资料，进行初步的方案构思。

2）绘制草图：分析、设计总平面布局图功能。

3）设计团队根据设计草图进行方案讨论、修改。一般大型的方案设计要经过几期草图修改后才能最终定案。

4）设计草图的内容一般包括平面图和立面图，重点绘制总平面功能布局图、天花图和重点空间的透视草图等，如图 1-11 所示。

三、设计阶段

1）进一步完善修改方案，最终方案已初步形成。

2）手绘设计稿的绘制：总平面布局图、总天花布局图、各个重点空间的透视图及相应的重点立面图、节点大样图等。

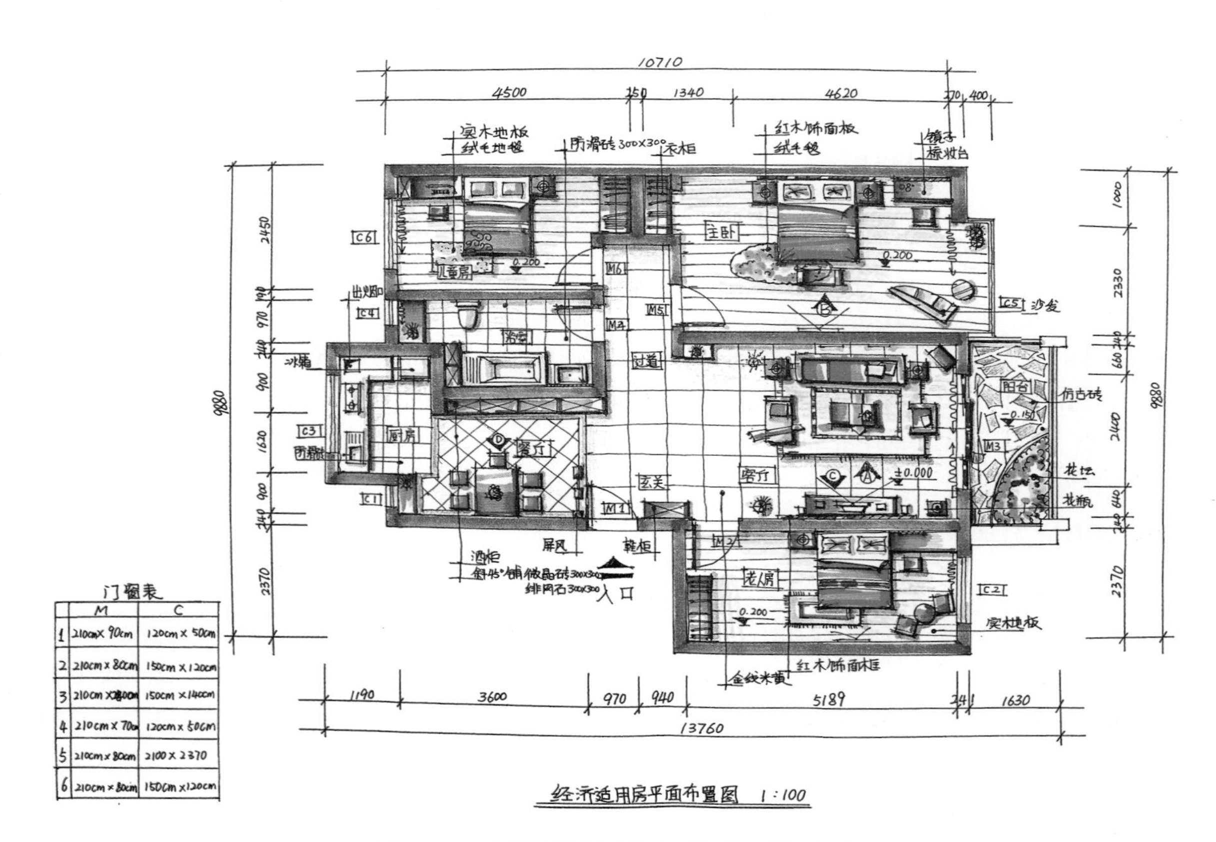

	M	C
1	210cm×90cm	120cm×50cm
2	210cm×80cm	150cm×120cm
3	210cm×[illegible]	150cm×140cm
4	210cm×70cm	120cm×50cm
5	210cm×80cm	2100×2370
6	210cm×80cm	150cm×120cm

图 1-10　家居平面布局图（作者：陈丽思）

3）设计说明：对方案整体做一个简要概括，说明内容主要包括功能布局、文化风格定位、装饰材质及色彩搭配、设计创意等。

4）如有需要还需简要概算：主要指的是室内空间界面的硬装部分的工程造价概算，不包括设备、家具、软装部分。

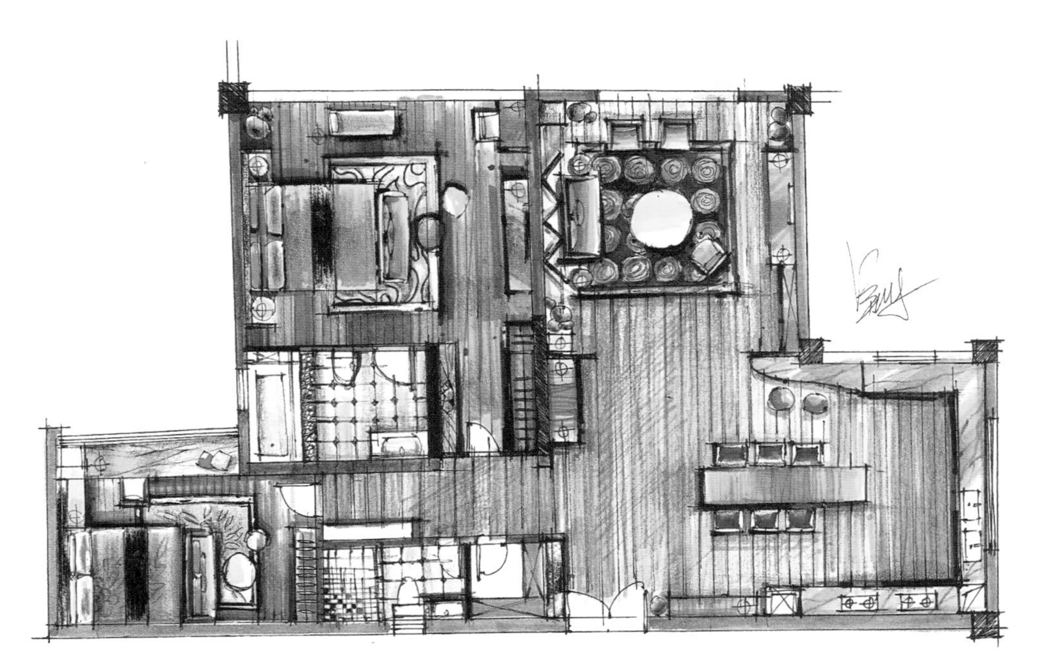

图 1-11　家居平面图（作者：吴世铿）

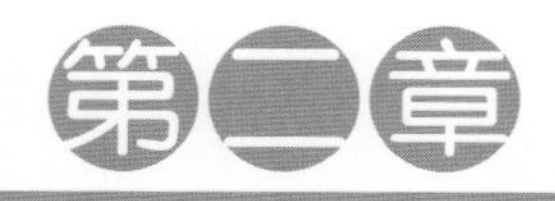

家居空间手绘方案设计

第一节　家居方案设计基本概念

家居属住宅空间类型，家居设计是室内装饰设计领域内最为基础的空间设计，也就是通常所指的“家装”。一般学习室内设计都要从家居空间设计开始。家居空间一般是指集合式住宅、公寓式住宅、别墅式住宅等。这些不同类型的住宅空间基本上从平面功能划分上都包括了门厅、玄关、起居室、客厅、餐厅、厨房、主卧室、次卧室、书房、卫生间等。

家居装饰设计是指通过对居室空间的物质和精神的功能规划以符合使用者的意愿、以人为本的、适应使用特点和个性要求为依据，实现家居空间舒适方便、温馨恬静，这对设计者提出了很高的要求，能设计出融合多风格、多层次，且有情趣、有个性的设计方案来满足不同家居类型的需求（例如单身公寓或多居室，高层公寓，独立、并列住宅，别墅等）、并能结合不同居住标准和不同住户经济投入的室内居住环境的要求。家居方案设计的主要任务是改善室内居住环境和家庭生活的质量，创造一个更加完善、合理，舒适恬静的家居环境，同时要融入地域文化特色。

设计师设计家居方案时，对居住空间必须考虑到下述因素：家庭人口构成（人数、成员之间关系、年龄、性别等）；民族和地区的文化传统、民俗特点和宗教信仰；职业特点、工作性质（如动、静、室内、室外、流动、固定等）和文化水平；业余爱好、生活方式、个性特征和生活习惯、审美趋向等，如图 2-1 所示。

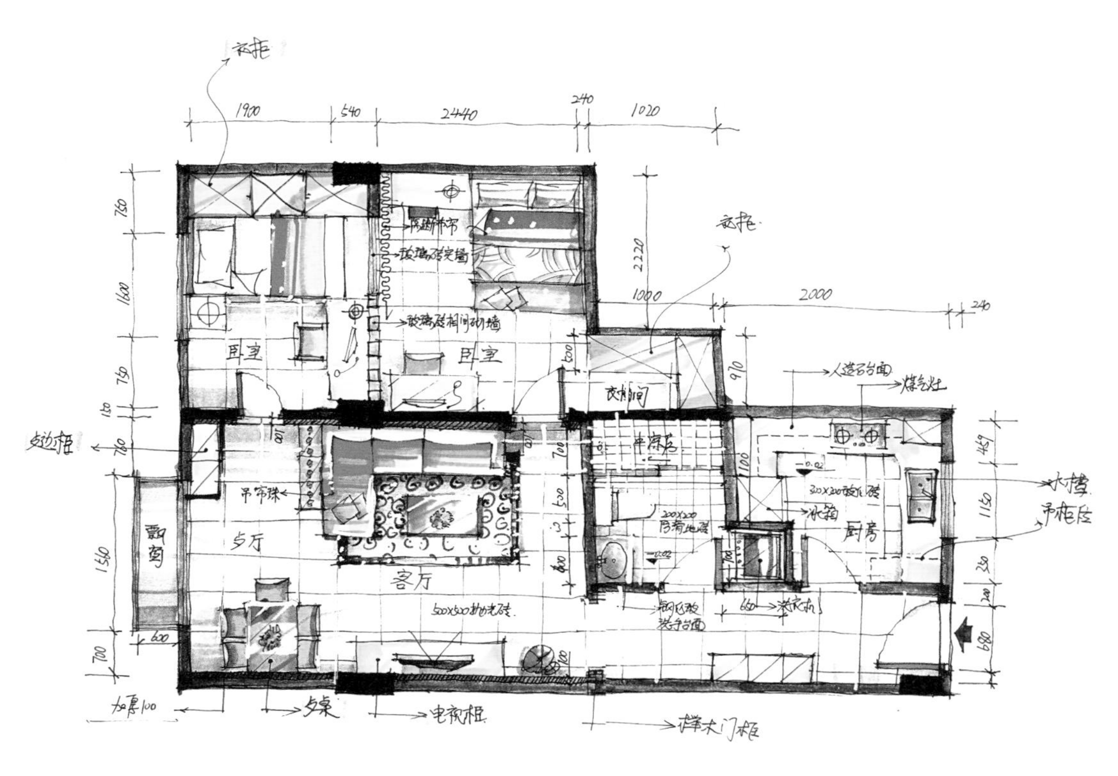

图 2-1　家居布局图（作者：康超）

第二节　家居室内空间基本布局规划

一、使用功能布局合理

由于家居室内空间的原建筑结构划分已经确定，在界面处理、家具设置、装饰布置之前，除了厨房和卫生间有固定安装的管道和设施，它们的位置已经确定之外，其余房间的使用功能和地位的划分，需要以家居内部使用的方便、合理作为依据。

家居的基本功能无外乎休息、饮食、盥洗、家庭团聚、会客、视听、娱乐以及学习、工作等。这些功能相对地又有静—闹、私密—外向等不同特点，例如休息、学习要求静，休息又有私密性的要求，满足这些功能的房间或位置应尽可能安排在“靠里”一些，设在“尽端”，以不被室内活动打扰；又如团聚、会客、娱乐等活动相对闹些，会客又以对外联系方便较好（如起居、会客室），如图 2-2 和图 2-3 所示。这些房间或活动部位应靠近门厅、走道等。此外，厨房应紧靠餐厅，卧室与洗手间贴近，这样使用时较为方便。合理的空间布局规划是家居室内空间装饰和美化的重要前提。

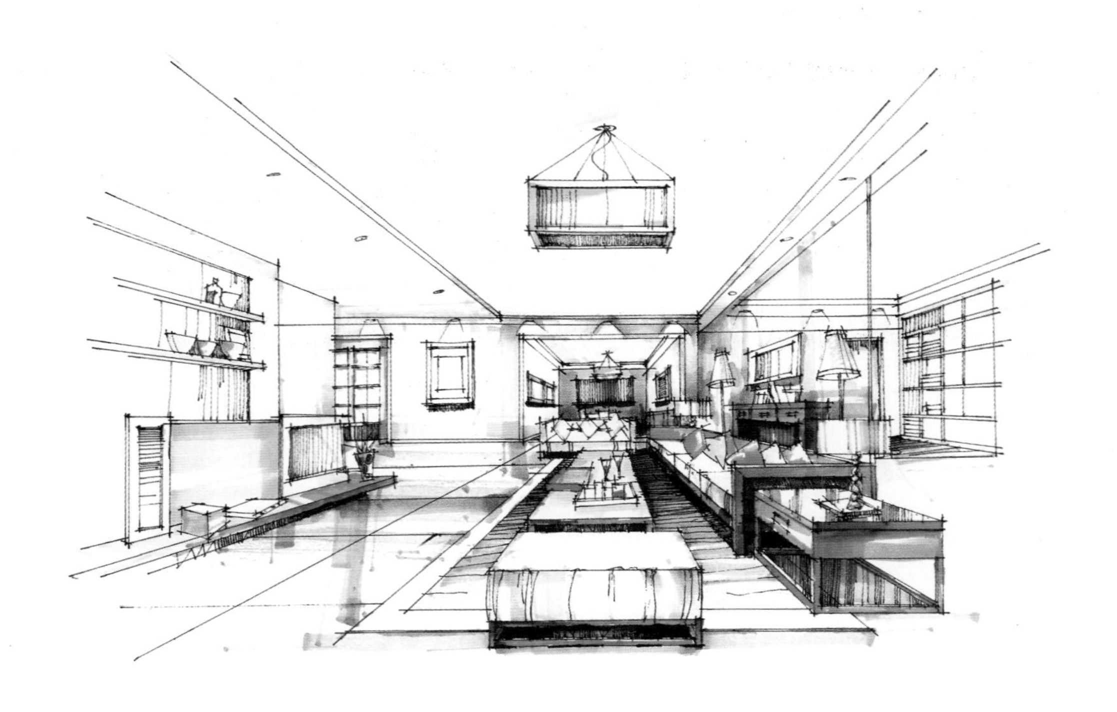

图 2-2　客厅效果图（作者：梁春生）

图 2-3　客厅效果图（和谐杯获奖作品）

二、突出重点，利用空间

家居的室内空间尽管不大，但设计师必须从功能合理、使用方便、视觉愉悦以及节省投资等几方面综合考虑，需要突出装饰和投资的重点。家居门厅、玄关或走道尽管面积不大，但常给人们留下深刻的第一印象，也是回家后首先接触的室内空间，处理好这些空间会让人有舒适、温馨的感受，并宜适当从视角、选材和工艺方面予以精心设计。

起居室（客厅）是家庭团聚、会客等使用最为频繁、内外接触较多的空间，也是家庭活动的中心区域，同时也是设计重点之一，室内地面、墙面、顶面各界面的色彩和选材，均应重点推敲设计。在装饰处理上，可以运用各种天然实木地板，这些材料可以营造居室的舒适感，能给起居室增添一些自然纹理艺术感；墙面很大一部分将由家具遮挡，且面积较大，通常也不必采用大面积的木装修或饰面装饰材质，尽量简洁，忌讳烦琐的装饰；家居室内的平顶更应平整简捷，也可以根据空间高度的实际情况设计一些简单的天花造型，如图 2-4 所示，根据家居环境的整体色调喷涂相应的颜色涂料即可。最后，从现代人的生活方式和现代家庭的实际使用效果来衡量，设计的重点和资金的投入应该保证厨房和卫生间，设计上应考虑使用者的使用习惯，并提高空间的使用效率。选材上应选用易于清洁和防潮的面层材料，便于今后的护理；排油烟器、热水器等厨卫电器是防污和卫生所必需的设施，也应在有限的资金投入中应予保

图 2-4　卧室效果图（和谐杯获奖作品）

证，那么，这将有效地提高居住的生活质量。

家居空间按照面积大小应该采用不同的空间处理方式。

首先，由于社会经济的快速发展，家居的空间多以经济适用为主，而且面积偏小，布局紧凑，因此在门厅、厨房、走道以至部分居室靠墙处可以适当设置吊柜、壁橱等以充分利用空间，必要时某些家具也可兼用或折叠，最终达到节约空间，并有效地把空间实现最大化延伸的目的。

其次，对于一些面积较宽敞，居室层高也较高的公寓或别墅类住宅建筑的室内空间，其重点空间仍应是起居室、门厅、厨房、卫生间等。各个界面的设计，由于空间较大，层高较高，在造型、线脚、用材等方面，根据不同风格的要求，可以比面积紧凑家居空间的处理手法丰富且富有变化，如部分交通联系面积可适当选用硬质地砖类材料，和装饰结合突出空间的艺术感，墙面可以设置各类造型并结合不同装饰材料和工艺，起居室、餐厅等的顶棚也可设置线角或灯槽，卧室墙面可做织物、皮革软包相结合，实现空间使用功能与审美功能相结合而又不显繁琐的效果，如图 2-5 和图 2-6 所示。

图 2-5　卧室透视图（和谐杯获奖作品）

图 2-6　双人标准间效果图（设计：唐灵华）

再次，我国城市经济型家居室内空间设计和建筑装饰发展的趋势为：大力提高厨房和卫生间的设施标准和生活品质，在大面积实现燃气化的条件下，相应配置抽油烟机、热水器、排气设备及有关的现代厨电设施，使生活品质随着现代化而提升。随着工厂化的快速发展，当今厨房操作台、储物柜等应推行工厂加工制作、现场安装的设计施工方法，安装型的厨房设计也便于今后的维修和翻新。

最后，家居建筑空间规划除厨房、卫生间外，其他空间应为大开间构架式的布局，从而使不同的使用者可以根据家庭人口组成及使用功能的具体要求自行分隔居室。分隔设计可采取相对固定的轻质隔断或组合式家具，可以既从根本上消除以后装修翻新和搬迁后敲打结构承重构件的现象，又为使用者充分争取了家居内可贵的有限使用空间。如图 2-7 和图 2-8 所示。

图 2-7　别墅客厅效果图（和谐杯获奖作品）

图 2-8　客厅效果图（和谐杯获奖作品）

第三节　家居方案设计案例分析

一、单身公寓户型方案设计

（设计：陈丽思　指导老师：刘飞）

◆方案设计要求

1）结合平面图的特征，使功能布局合理，造型新颖。

2）体现当今家居设计风格的主要流行趋势，设计为现代简约风格。

3）注意空间的合理规划和交通流线。

4）设置休息、接待、工作学习等空间，考虑单身公寓的特点。

5）符合现代设计与创意理念，单身公寓原建筑平面图如图 2-9 所示。

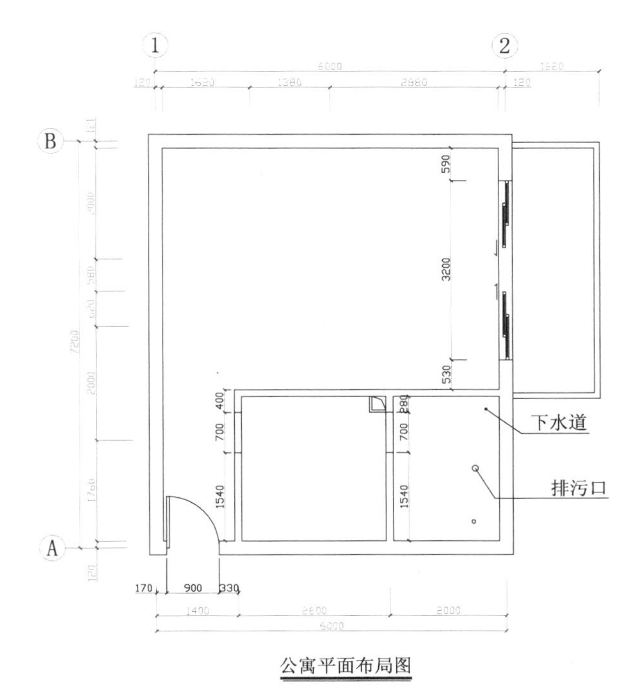

图 2-9　单身公寓原建筑平面图（设计：陈丽思）

◆方案设计分析

本方案为一单身公寓，室内空间面积不大，在布局设计时应考虑功能齐全、布局合理，因此根据单身公寓的设计要求，布局功能有：厨房、卫生间、休息区、工作区、小型接待区等。活动区域应分布在建筑的靠外部分。重要休息与工作区域放在里面部位，可以有效提高私密性，创造安静舒适的工作学习环境。另在搭配相应的装饰时，设计风格上应以暖色主，既有家的温暖感，又有舒适的工作学习环境；材料和工艺选用上考虑到公寓的需要应以木质装饰材料和软装饰相结合、石材饰面、瓷砖等为主，营造出单身公寓的独特艺术风格。

◆方案设计说明

本方案为单身公寓，因此在设计手法上采用简约式设计，在使用功能上反映家居环境与工作学习环境有机结合的装饰特点。如图 2-10 和图 2-11 所示。在装饰材质选用上多采用具有整洁的现代特色的暖色实木材质、天然石材饰面，同时搭配各种艺术工艺手法；在空间布局上安排有厨房、卫生间、休息区、工作学习区、会客区等，其中以休息和工作区为中心，展开对空间的有效布局，以体现公寓的经典小型的家居、工作环境。当今社会经济条件下小型公寓的特色，把设计与社会经济文化有效融合创造出一个温馨、典雅的生活工作环境。如图 2-12~图 2-17 所示。

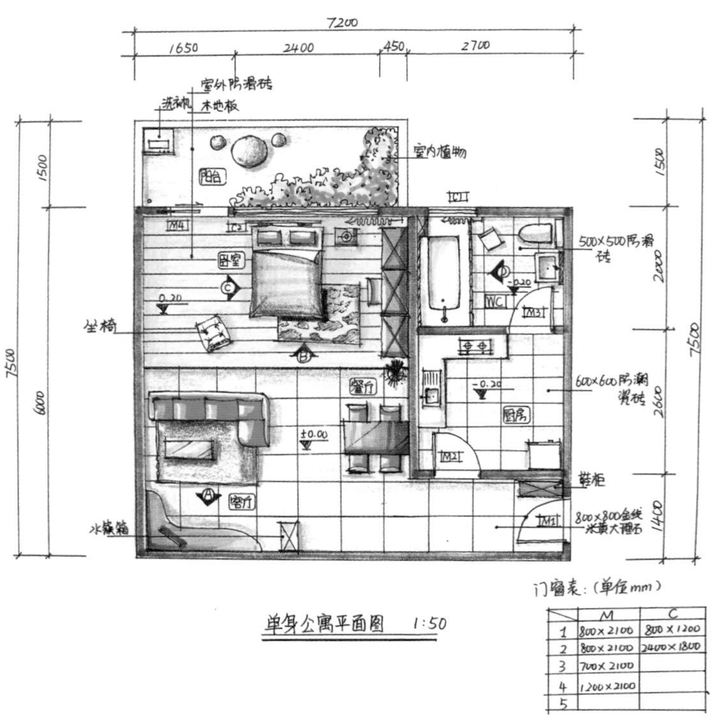

	M	C
1	800×2100	800×1200
2	800×2100	2400×1800
3	700×2100	
4	1200×2100	
5		

图 2-10　单身公寓平面功能分布图（设计：陈丽思）

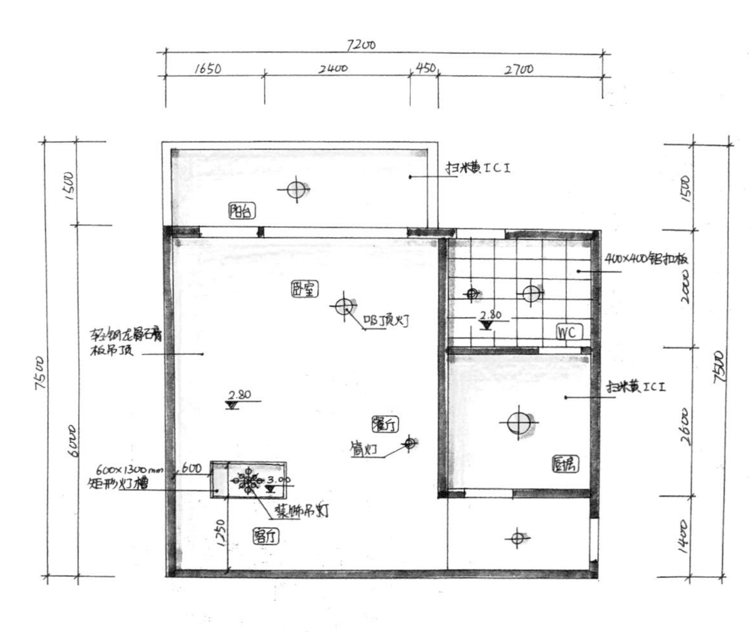

图 2-11 单身公寓天花分布图（设计：陈丽思）

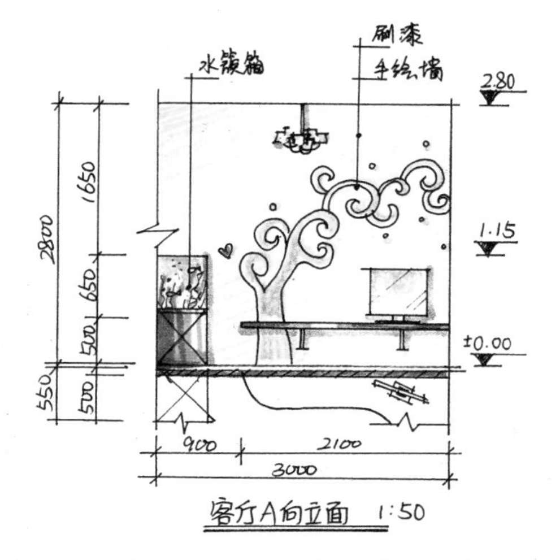

图 2-12 单身客厅 A 立面图（设计：陈丽思）

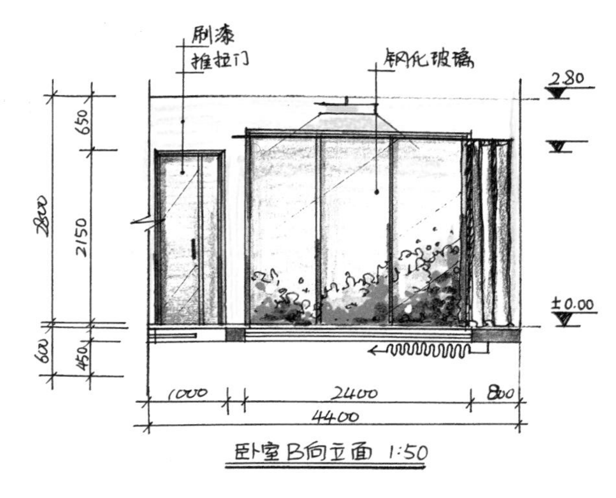

图 2-13 单身公寓卧室 B 立面图（设计：陈丽思）

图 2-14　单身公寓卧室透视效果图（设计：陈丽思）

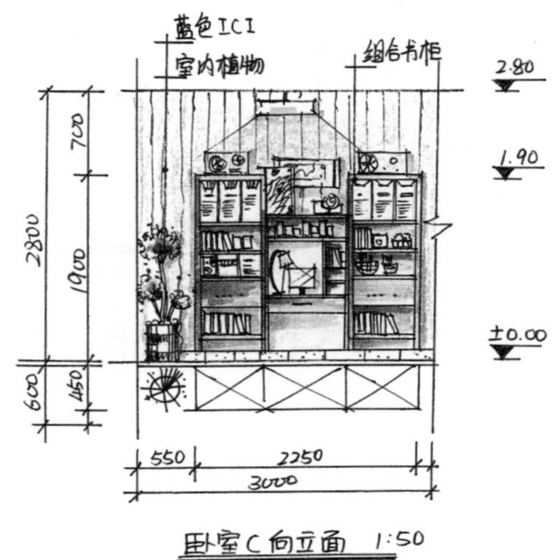

图 2-15　单身公寓卧室 C 立面图
（设计：陈丽思）

图 2-16　单身公寓卫生间效果图（设计：陈丽思）

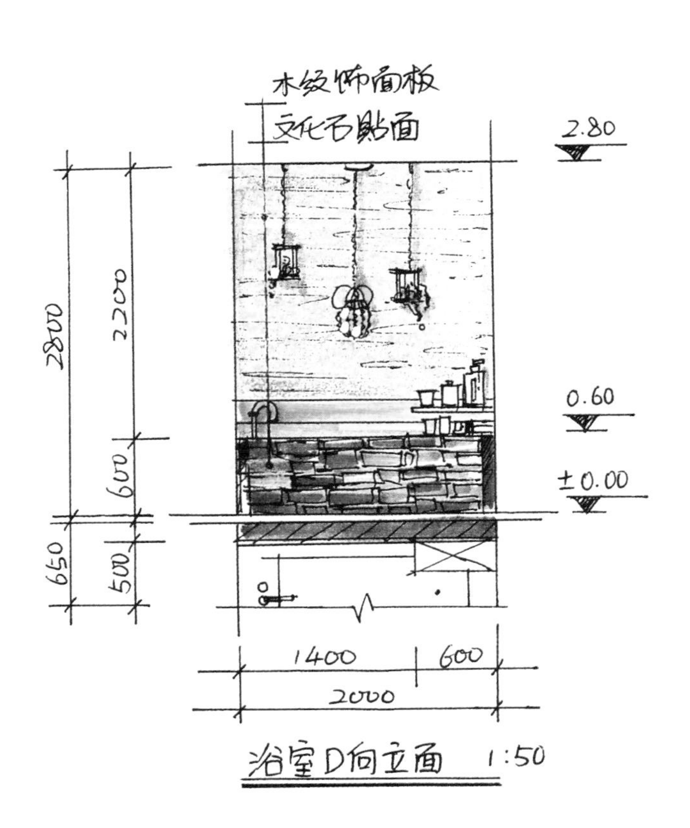

图 2-17　单身公寓浴室 D 立面图（设计：陈丽思）

二、三居室户型方案设计

（设计：陈丽思　指导老师：刘飞）

◆方案设计要求

1）结合家居平面图的特征，要求功能布局合理，造型新颖。

2）组织好各空间的关系并有效体现空间特性，体现出简约风格。

3）注意使用者的职业特征和设计风格。

4）室内采光、布灯、色彩等的搭配应合理。

5）选材和施工工艺合理，符合现代设计的创意理念，三居室户型原建筑平面图如图2-18所示。

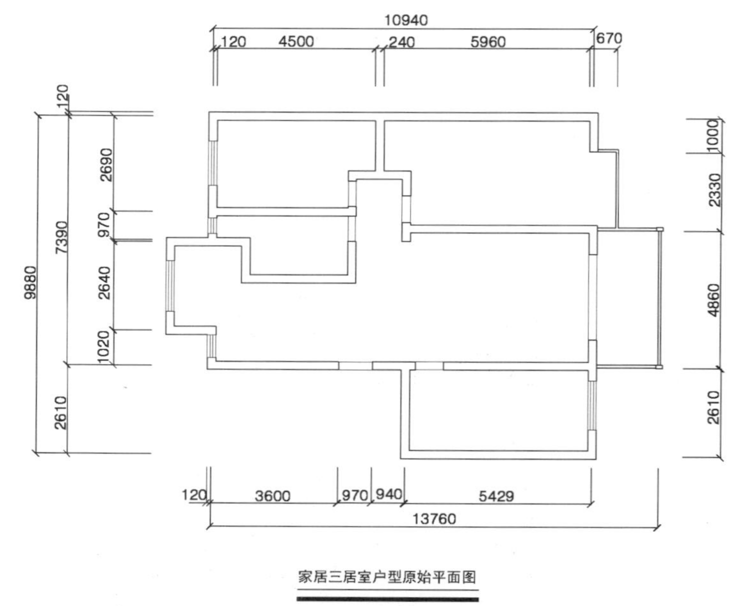

图 2-18　三居室户型原建筑平面图

◆方案设计分析

本方案为一个三居室的家居空间设计，室内空间在设计布局时应考虑空间组织、布局合理，因此根据家居空间的设计要求，合理布局功能有：客厅、卧室、厨房、餐厅区、卫生间和一些家居小空间等，如图 2–19 和图 2–20 所示。家居的室内设计与装饰主要是根据住户和使用者的意愿和喜爱，依据当前大部分的城市住宅面积标准不高，工作又较紧张，生活节奏快，经济负担重等多种因素考虑，家庭的室内装饰仍以简洁、淡雅、舒适为好。因为简洁、淡雅有利于“扩展”空间，形成恬静宜人、轻松休闲的室内居住空间，这也是居室室内空间的使用性质所要求的。当然，家庭和个人各有爱好和喜欢的风格，在住宅内部空间组织和平面布局有条件的情况下，空间的局部或有视听设施的房间等处，在色彩、用材和装饰方面也可以有所变化。一些室内空间较为宽敞、面积较大的家居空间在风格造型的处理手法上，变化更为多一些，余地也更大一些。

简单地说设计改造方案应达到的理想状态为：

1）稳重大方、实用耐看、和谐宁静、亲切温暖的家居风格。有装饰而不过于烦琐，有内涵而不深奥。抛去华而不实的装饰,着重通过各种空间搭配体现自己的生活态度，营造一个理想的家居生活空间。

2）最大限度地利用空间，更多地有效储藏空间。

3）必须有一个视野开阔的客厅，且尽量不要影响卧室和其他私密空间，但是又希望能有巧妙的连通。

4）一个安静、舒适的家居空间，能够带给使用者精神上的宁静与生理上的放松。

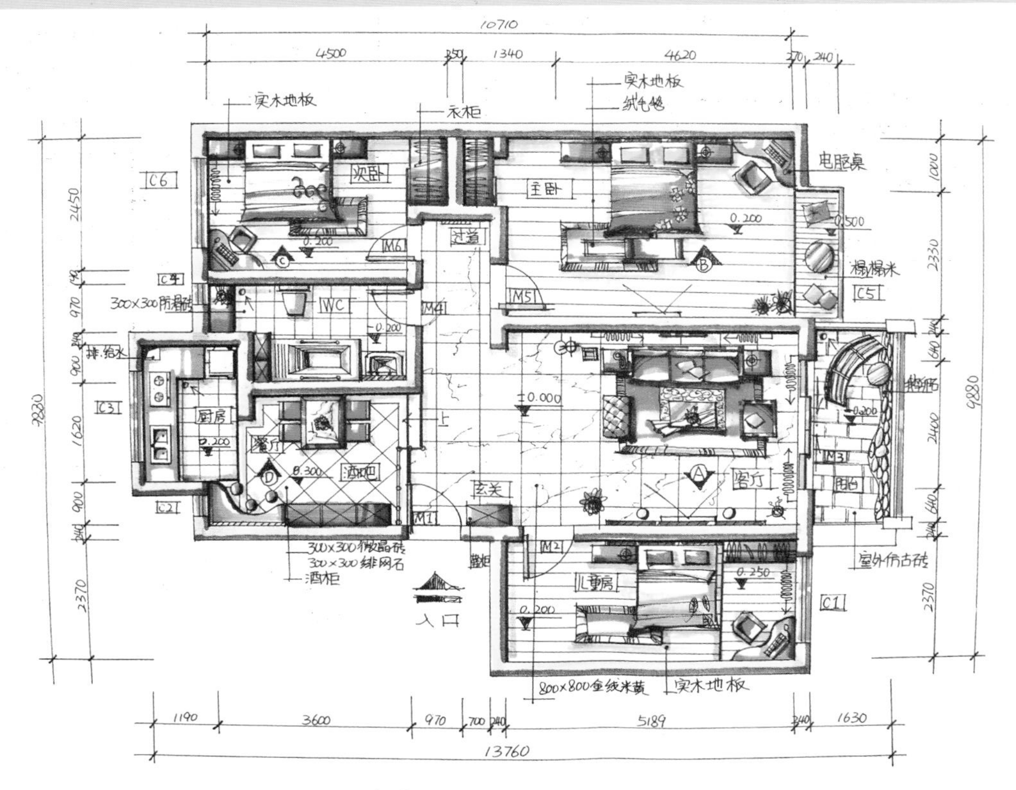

图 2-19 三居室户型平面布置图（设计：陈丽思）

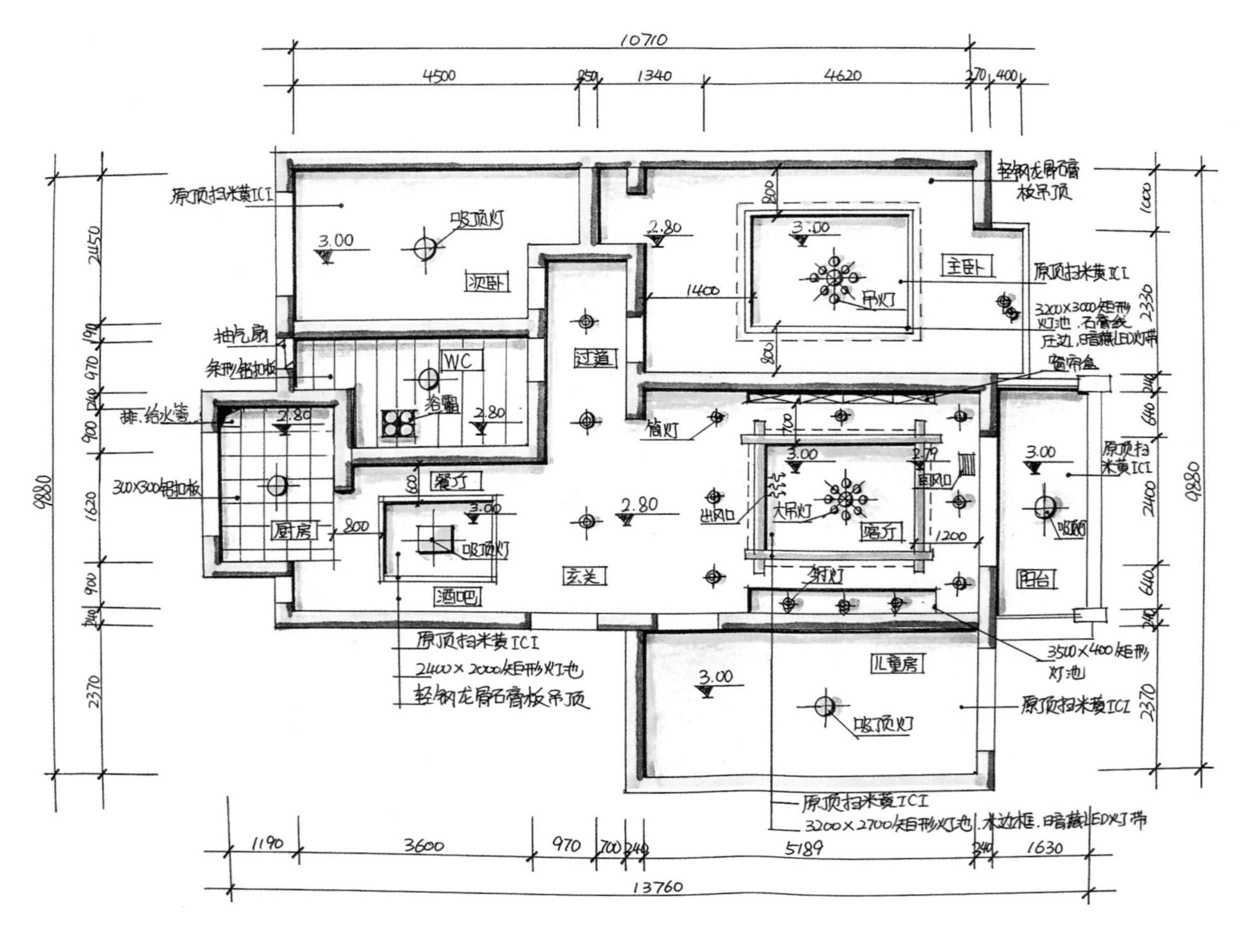

图 2-20　三居室户型天花平面图（设计：陈丽思）

◆方案设计说明

本方案为三居室空间设计，因此在设计手法上主要以经济、适用为主。室内整体采用简约的中式设计，色调沉稳大气，虽然户型面积不大却体现出大户型的统一和气派，如图 2-21 和图 2-22 所示采用较鲜艳的色彩搭配和合理的摆设，再加上绿色植物的点缀，有效渲染出了温馨而又不失灵动的空间气氛。沉稳而高贵的家居空间，如图 2-23 和图 2-24 所示。

材料说明：本方案运用的装饰材料有金线米黄大理石、实木地板、防滑砖、仿古砖等，有效把室内空间层次进行分割。客厅、玄关、走道铺设金线米黄大理石，卧室铺设的是实木地板（图 2-25），阳台铺设仿古砖和鹅卵石点缀，餐厅利用抛光砖进行斜铺（图 2-26），天花采用简洁轻钢龙骨石膏板吊顶造型，有装饰而又不繁琐，简洁而又不失淡雅的效果，如图 2-27~ 图 2-30 所示。

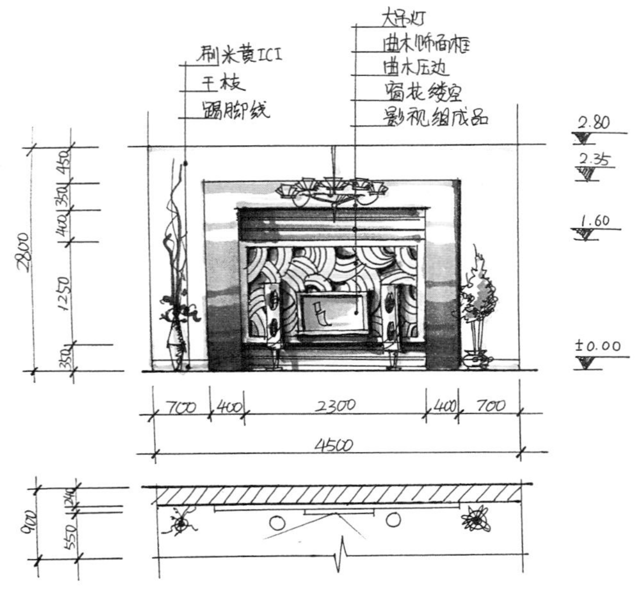

图 2-21　客厅 A 立面图（设计：陈丽思）

图 2-22　客厅透视效果图（设计：陈丽思）

图 2-23　主卧效果图（设计：陈丽思）

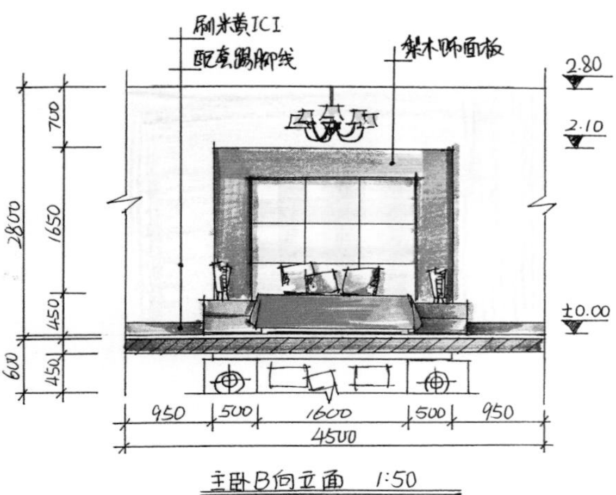

图 2-24 主卧室 B 立面图（设计：陈丽思）

图 2-25 次卧效果图（设计：陈丽思）

图 2-26　餐厅效果图（设计：陈丽思）

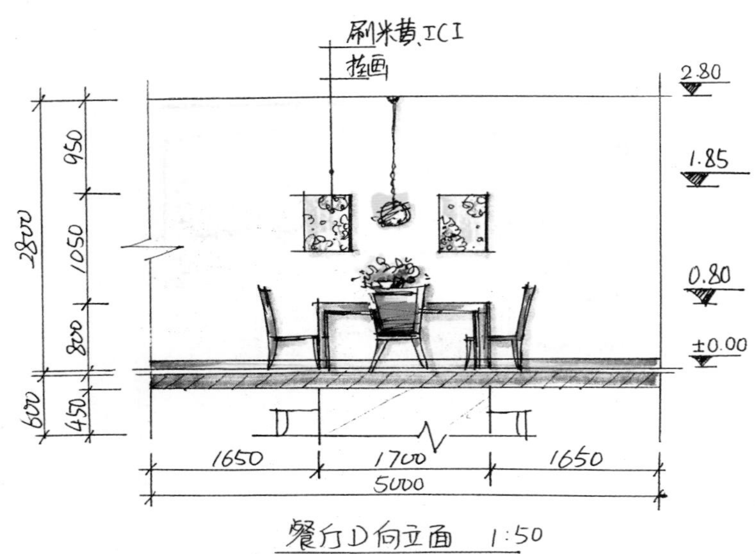

图 2-27 餐厅 D 立面图（设计：陈丽思）

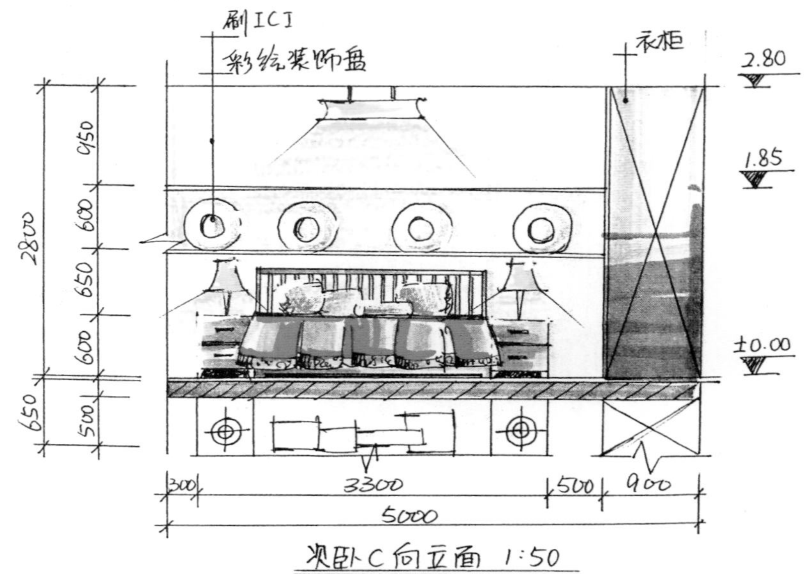

图 2-28 次卧 C 立面图（设计：陈丽思）

图 2-29　儿童房效果图（设计：陈丽思）

图 2-30 卫生间效果图（设计：陈丽思）

三、家居多居室户型方案设计

（设计：吴世铿　指导老师：康超）

◆方案设计要求

1）本案为一高档楼盘公寓式住宅样板间，要求室内设计风格有鲜明的个性，时尚前卫，色调明亮轻快。

2）室内装饰档次为中高档，能够体现高档楼盘住宅的特点。

3）按照室内家居布局原则，合理安排空间布局，在房间部分除安排主卧外，还需考虑安排客房、书房。

4）室内采光照明、设灯、环境色彩等要求搭配合理。

5）选材和施工工艺合理，符合现代设计与创意理念，原建筑平面图如图2-31所示。

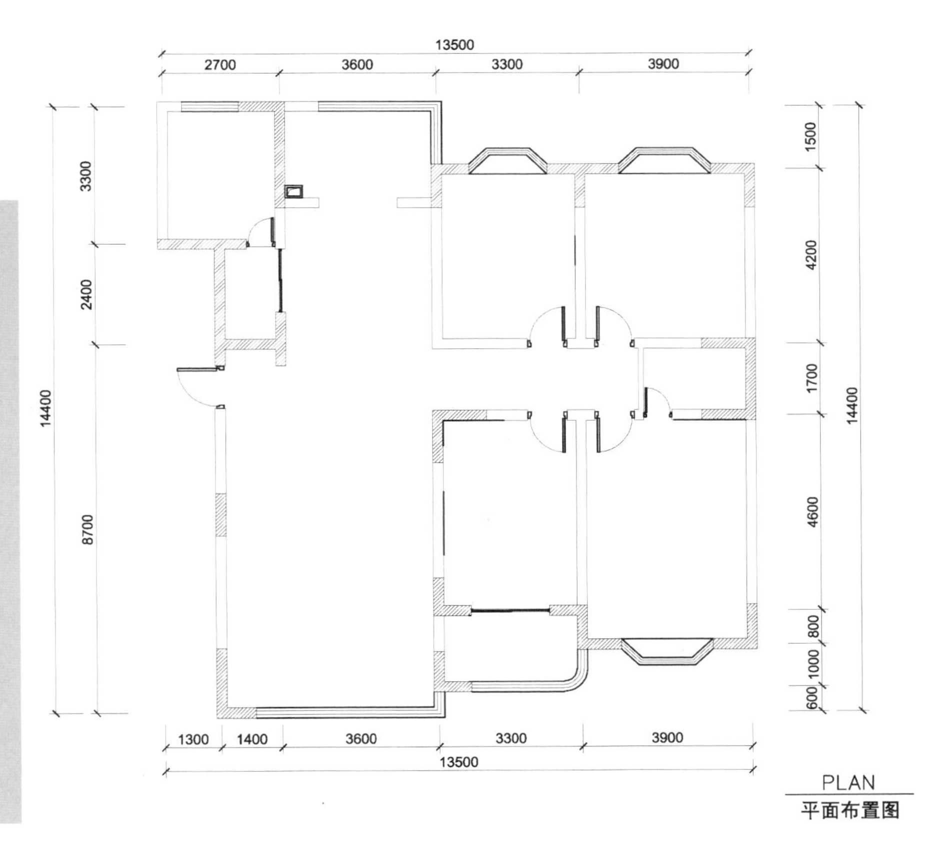

图2-31　原建筑平面图

◆方案设计分析

本案为一高档楼盘公寓式住宅样板间，销售对象为高级年轻白领阶层，因此考虑到当前现代化大都市的快节奏、高压力的工作生活，在空间设计上应给人以宽敞明亮、通透的感觉，可以有效地缓解工作压力，给人轻松愉悦之感，因此室内色调应以浅色调为主。为体现样板间的高档次，在风格上应采用现代简欧式风格设计，体现楼盘销售对象为高端市场。在材质应用上应多用较为高档的亮色调天然大理石和玻化砖、艺术壁纸、布艺软包等；在家具方面应选用巴洛克简欧式，通过运用综合的艺术表达方式来营造既古典又现代、前卫时尚的家居生活环境。

◆方案设计说明

本方案为一高档楼盘样板间设计，在风格上为当前较为流行的欧式新古典主义风格，色调整体较为明快：以白色为主色调，并与黑色、灰色、香槟色搭配营造出较为时尚高雅的居住环境，如图 2-32 和图 2-33 所示。在客厅部分选用浅灰色古典花纹布艺沙发、简欧式白色烤漆古典家具与深色烤漆玻璃电视柜搭配营造出既现代又复古的都市家居风格，奢华且不高调，如图 2-34~ 图 2-36 所示。

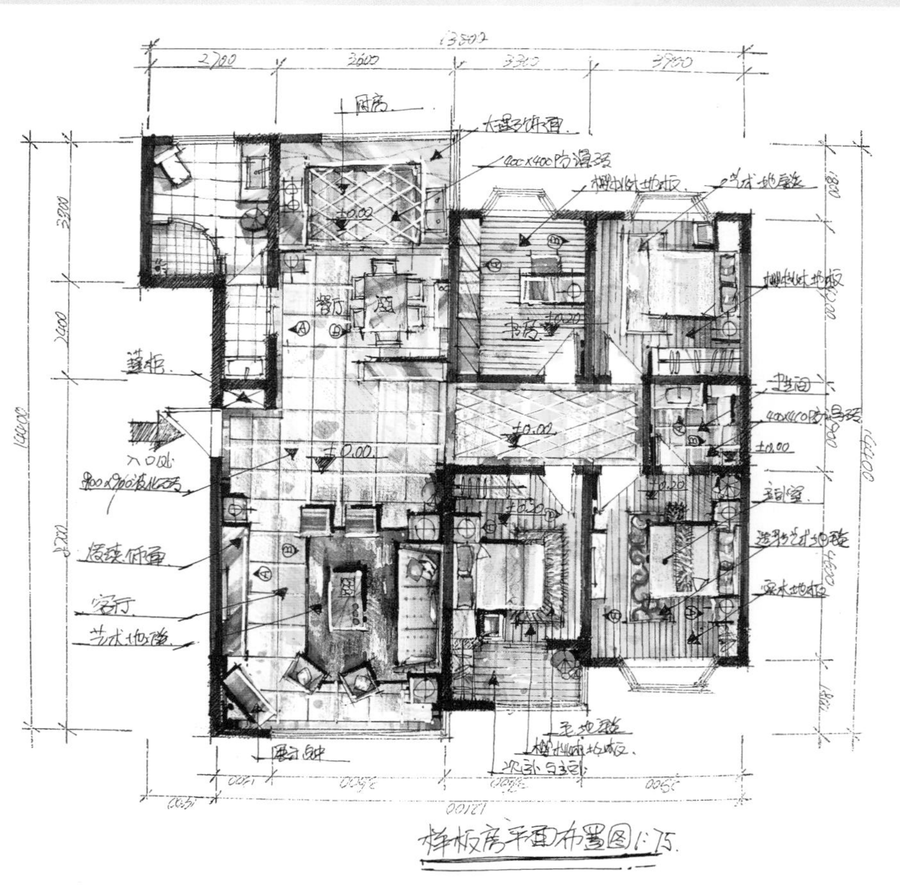

图 2-32　平面布局方案（设计：吴世铿）

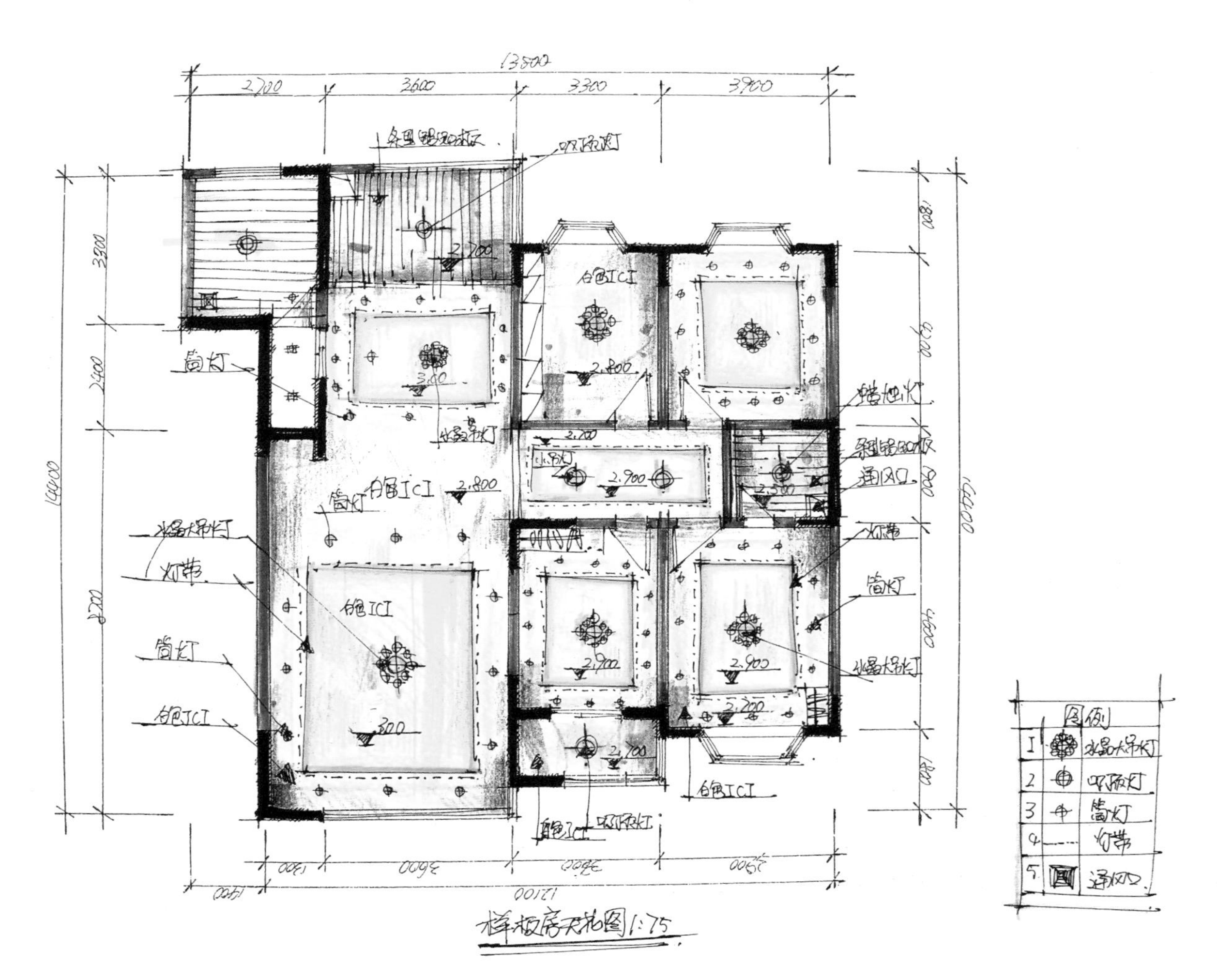

图 2-33　天花布局方案（设计：吴世铿）

图 2-34　客厅效果图（设计：吴世铿）

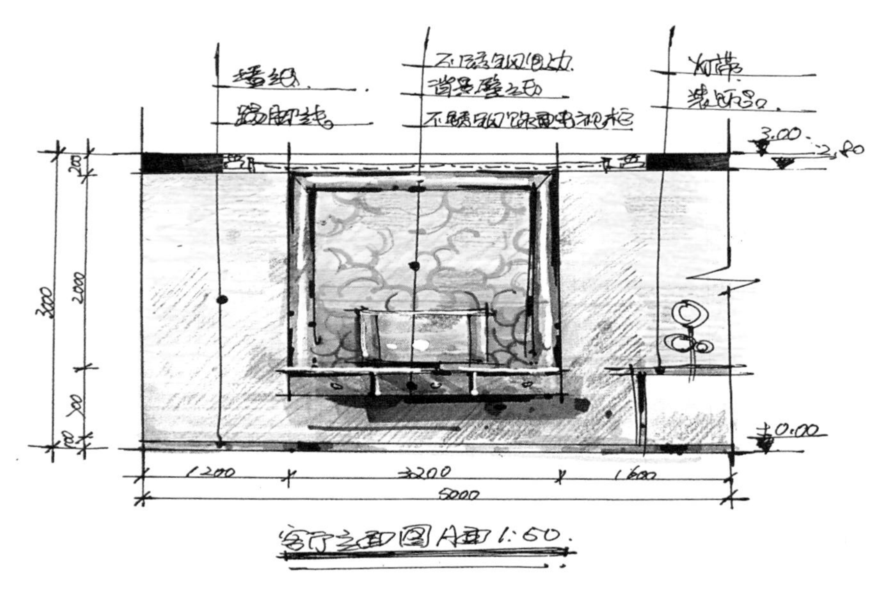

图 2-35　客厅立面（设计：吴世铿）

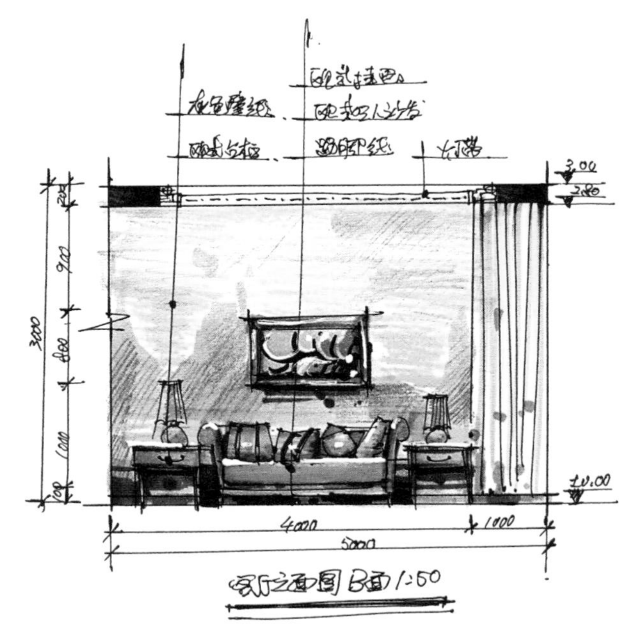

图 2-36　客厅立面（设计：吴世铿）

餐厅部分主要选用简欧式餐桌、餐椅组合并配上较为精致典雅的餐边柜，美观的同时还能满足生活的需求，如图 2-37~ 图 2-39 所示。卧室部分主要体现舒适、现代时尚的居住空间，因此在主卧床背景墙面上选用浅灰色丝绸软包装饰，地面材质装饰选用暖色樱桃木板并用艺术地毯做相应衬托，营造出较为舒适温馨的居住空间，如图 2-40~ 图 2-45 所示。

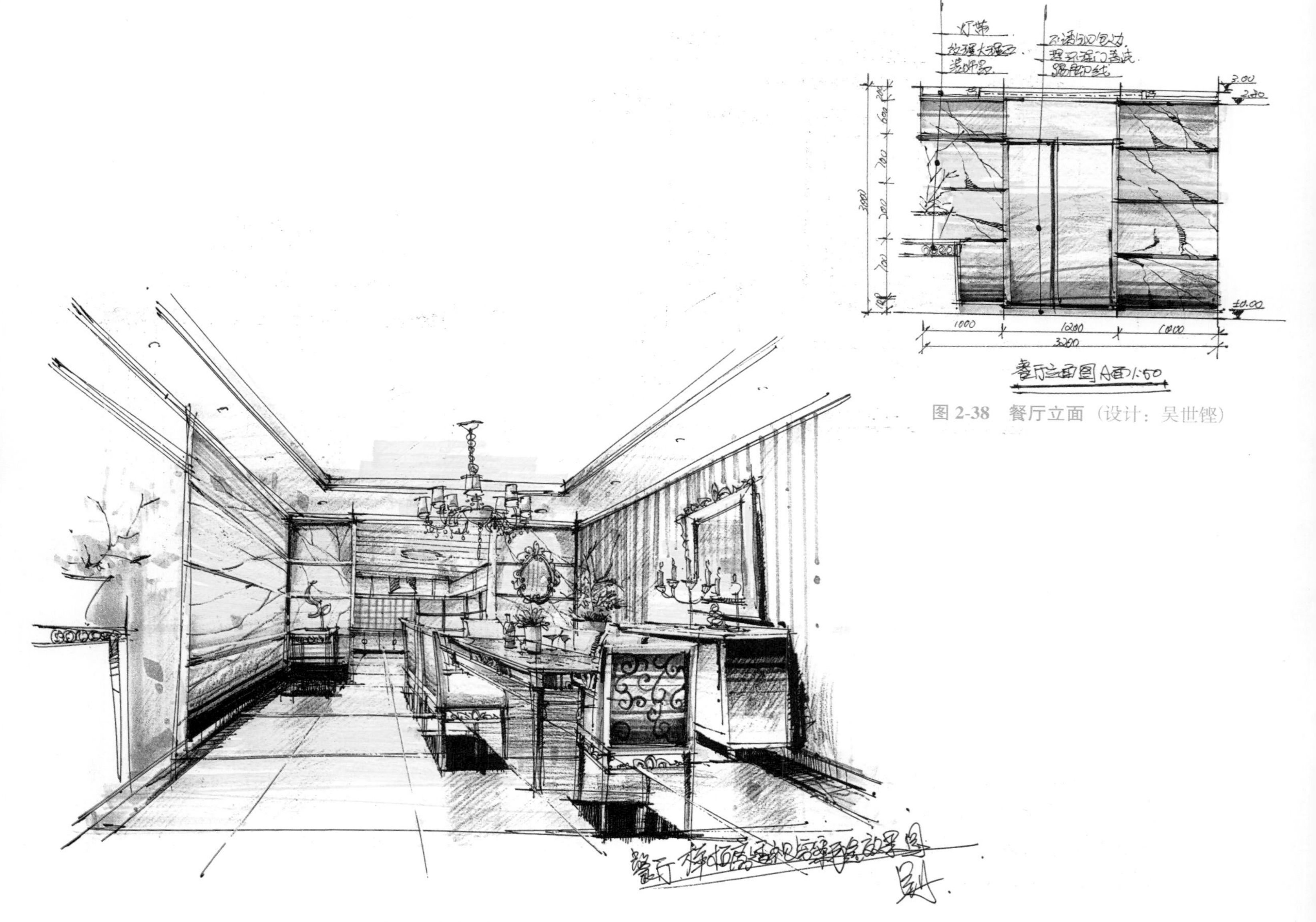

图 2-38　餐厅立面（设计：吴世铿）

图 2-37　餐厅效果图（设计：吴世铿）

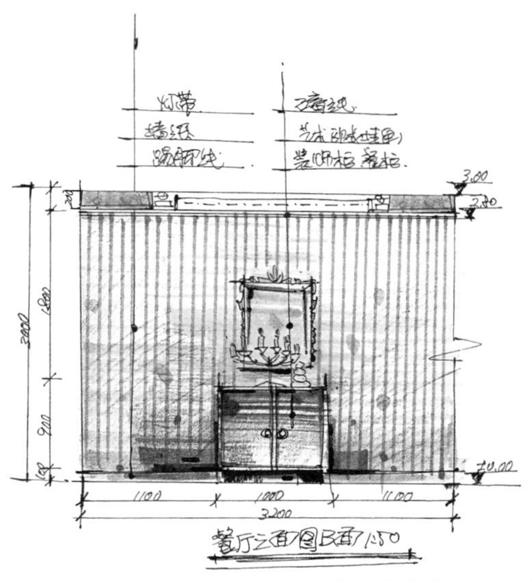
图 2-39　餐厅立面（设计：吴世铿）

图 2-40　主卧室效果（设计：吴世铿）

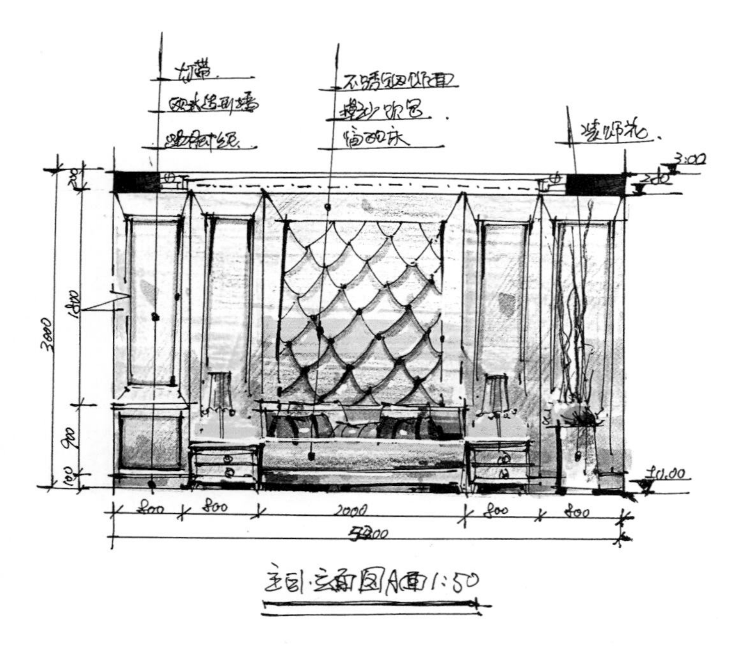

图 2-41　主卧室立面（设计：吴世铿）

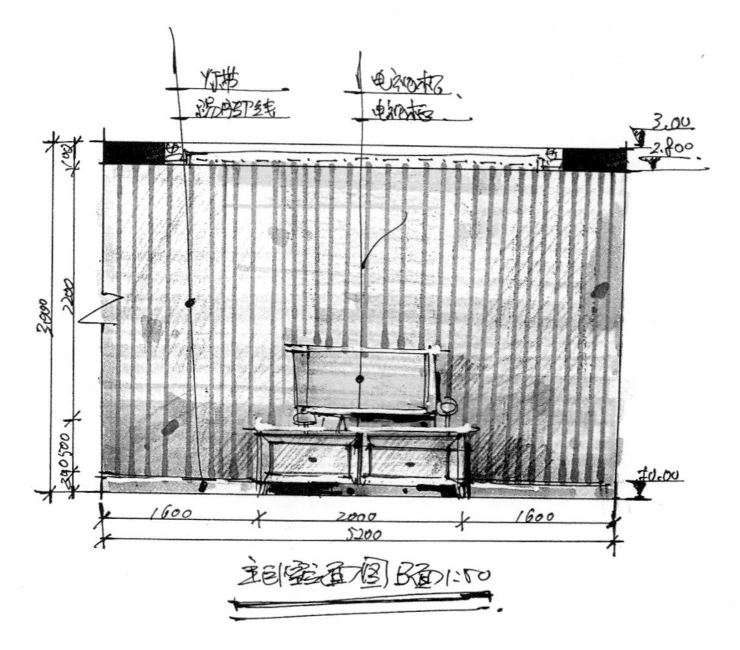

图 2-42　主卧室立面（设计：吴世铿）

图 2-43　次卧室效果（设计：吴世铿）

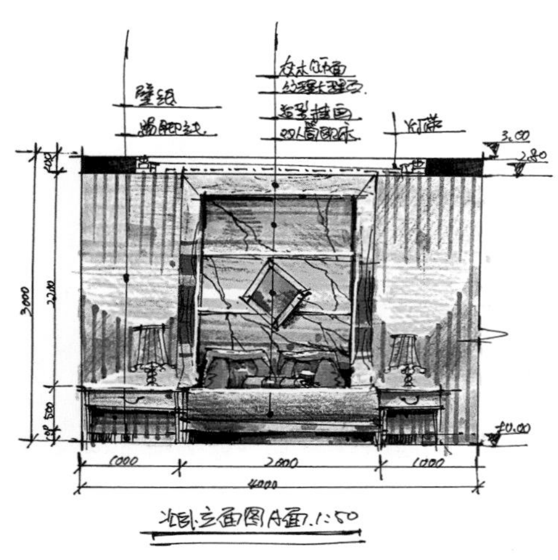

图 2-44　次卧室立面一（设计：吴世铿）

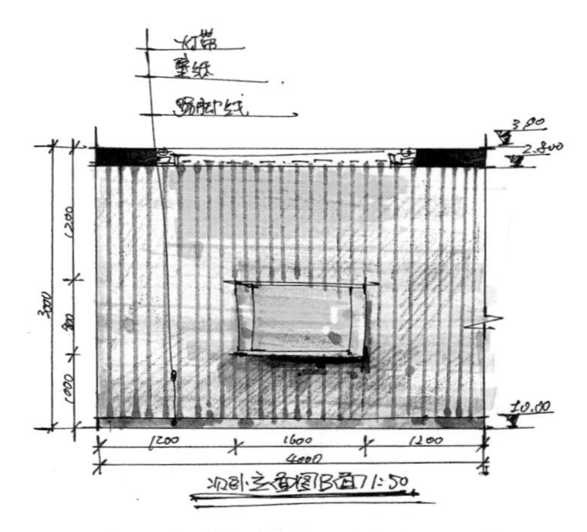

图 2-45　次卧室立面二（设计：吴世铿）

在书房设计方面继续延续客厅、卧室的室内风格。书房内在收纳空间上主要设置一组入墙式书柜与办公台，整体布局简洁明了，突出空间的实用性，如图 2-46~ 图 2-48 所示。

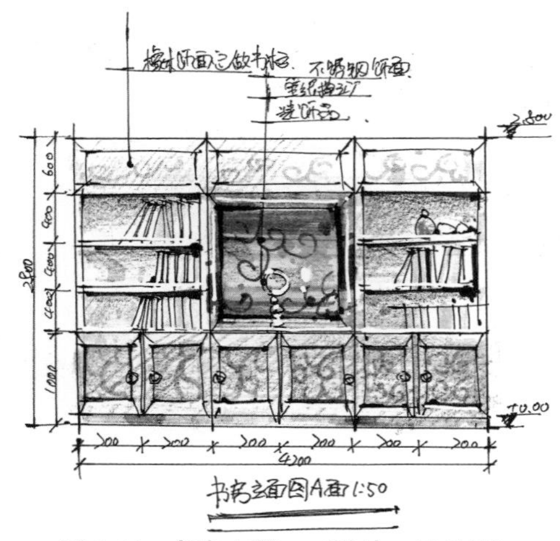

图 2-46　书房立面一（设计：吴世铿）

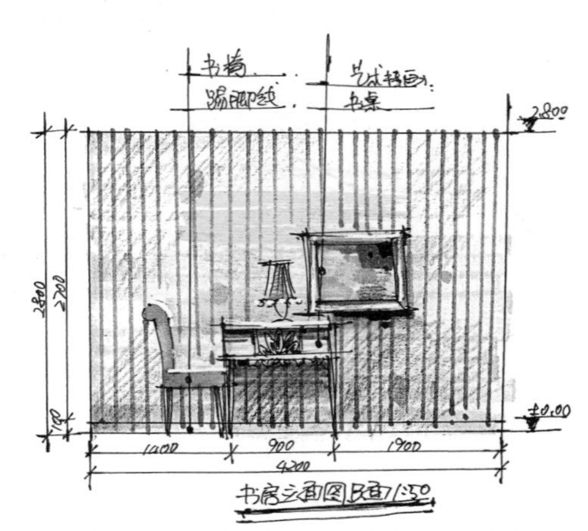

图 2-47　书房立面二（设计：吴世铿）

图 2-48　书房效果图（设计：吴世铿）

洗手间的设计在布局上没有像欧式室内布局那样规整，比较随意化。尤其是架式洗面台与油画框式洗面镜的结合显得更加让人放松和生活化，如图 2-49~ 图 2-51 所示。

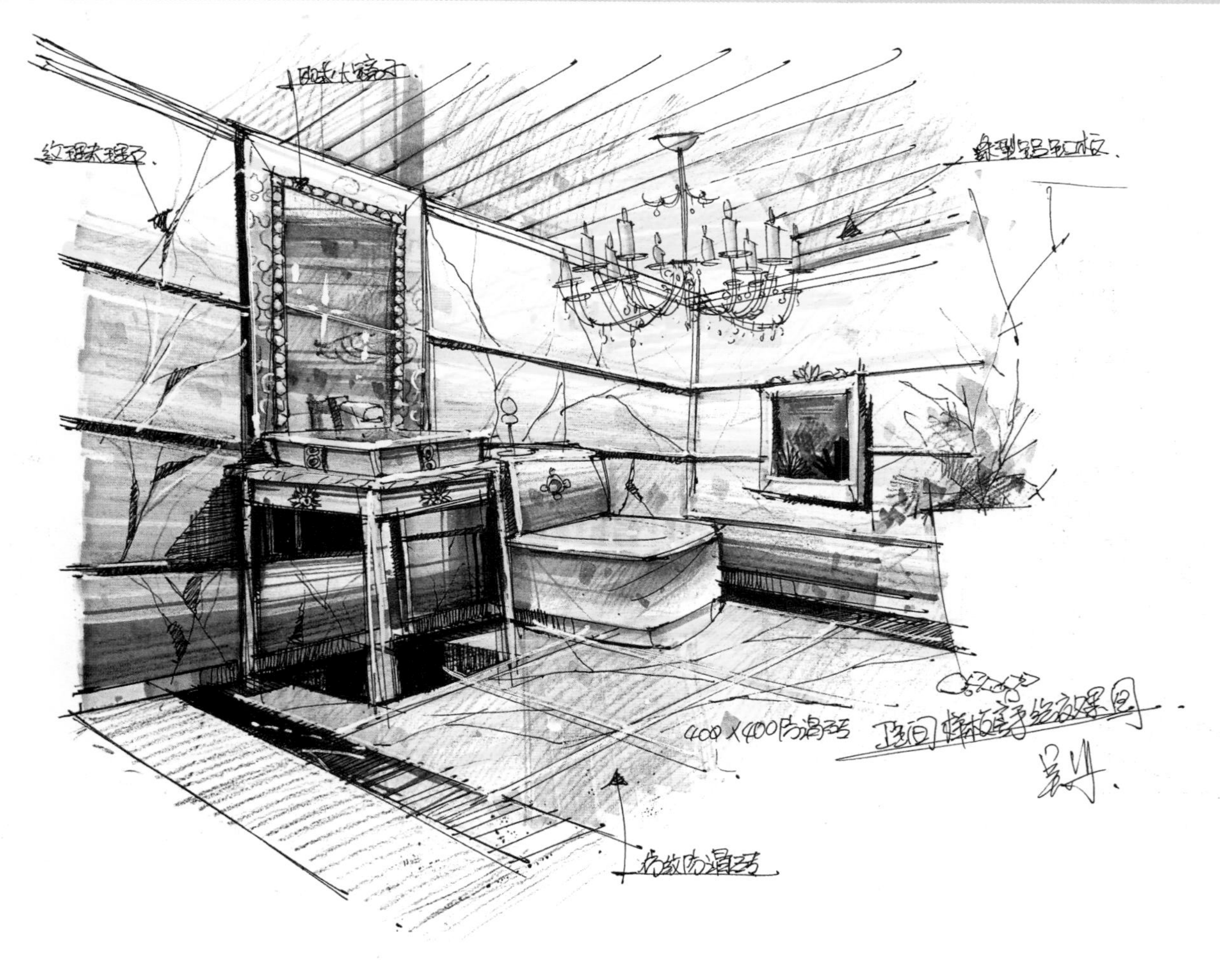

图 2-49　主人房卫生间效果（设计：吴世铿）

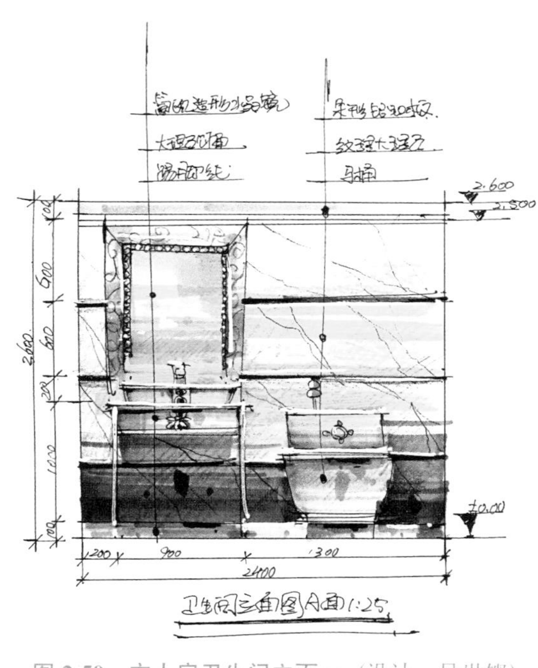

图 2-50　主人房卫生间立面一（设计：吴世铿）

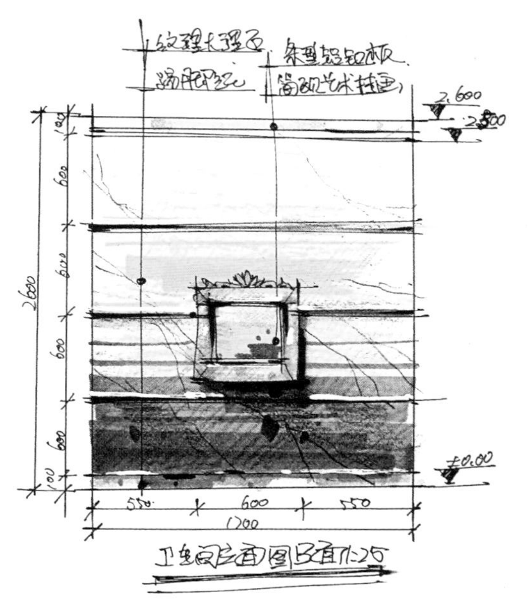

图 2-51　主人房卫生间立面二（设计：吴世铿）

四、复式别墅户型方案设计

◆方案设计要求

1）本案业主为一对年轻白领夫妇，双方均有较高的学历与收入，要求设计风格以现代简约主义为主，要营造出休闲、典雅的文化艺术氛围。

2）合理安排空间布局，空间安排上有会客厅、餐厅、门庭、起居室，还要考虑安排保姆间、儿童房、客房。

3） 主人房、儿童房在空间设计上适当安排办公、学习的功能区域。

4）室内照明采光要合理搭配，充分考虑光照与材料的搭配效果，并根据不同空间要求合理搭配、运用装饰材质。原建筑平面图如图 2-52 和图 2-53 所示。

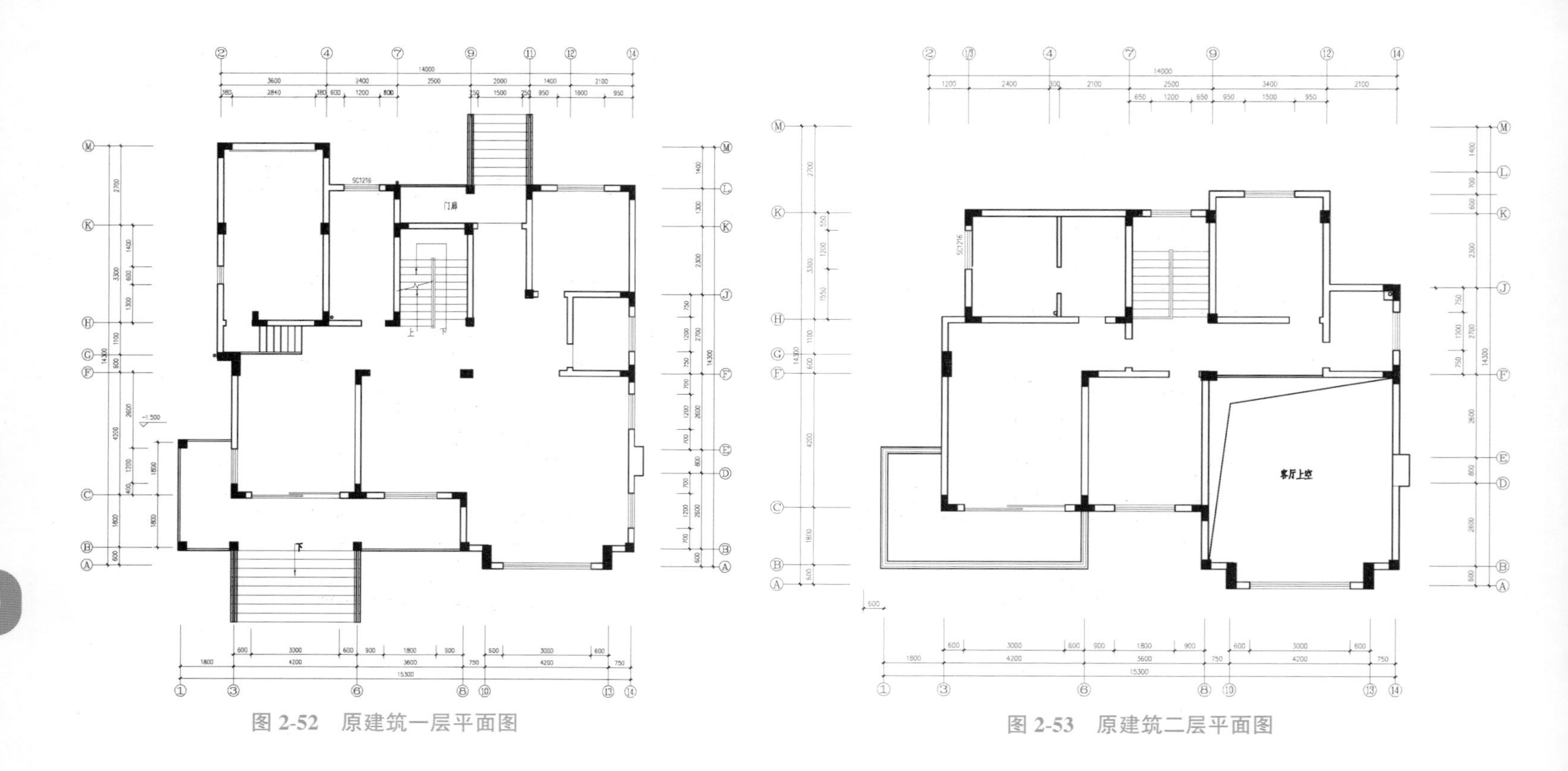

图 2-52 原建筑一层平面图

图 2-53 原建筑二层平面图

◆方案设计分析

本案为一复式别墅户型，在大的使用功能上，一楼可分为日常会客、娱乐、餐饮等功能的空间，二楼为居住、学习功能的空间。考虑到业主为高级白领夫妇，有着较高的学历与审美层次，因此设计风格应采用现代简约主义，这样可以更好地体现现代白领的审美观及价值观，色彩应以轻快的亮色调为主，同时还要营造出一定的休闲与浪漫气息。

◆方案设计说明

本方案在设计上采用的是现代主义风格，空间造型简洁大方，色调明快，能给人轻松、休闲之感。客厅空间为别墅的中庭部分，与二层空间共享，如图 2-54~ 图 2-57 所示。因为在设计上要简洁大气，所以在客厅部分设有较大尺寸休闲米色布艺沙发，与深暖色家具形成更好的色彩搭配，如图 2-58 和图 2-59 所示。本方案运用的装饰材料有富贵米黄大理石、实木地板、白色玻化砖、板岩文化石、玻璃马赛克等装饰材质，综合且整体地打造出稳重典雅、高档且不奢华的温馨浪漫的现代家居空间。在客厅的电视背景墙与局部墙体上采用了文化石装饰手法，增加了空间的文化怀旧感，如图 2-60 所示。同时在吊顶部分选用大尺度艺术吊灯，使空间效果更加富有层次且更大气。

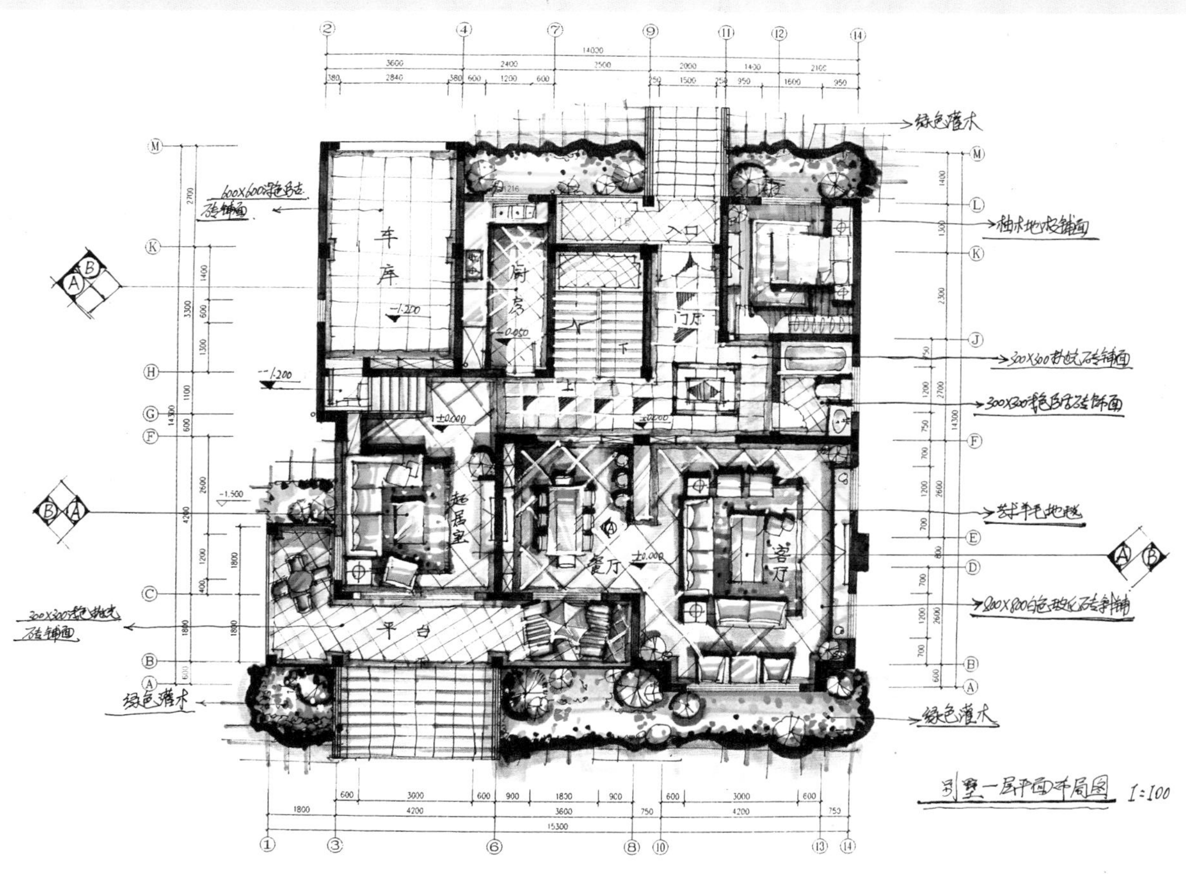

图 2-54　一层平面布局图（设计：康超）

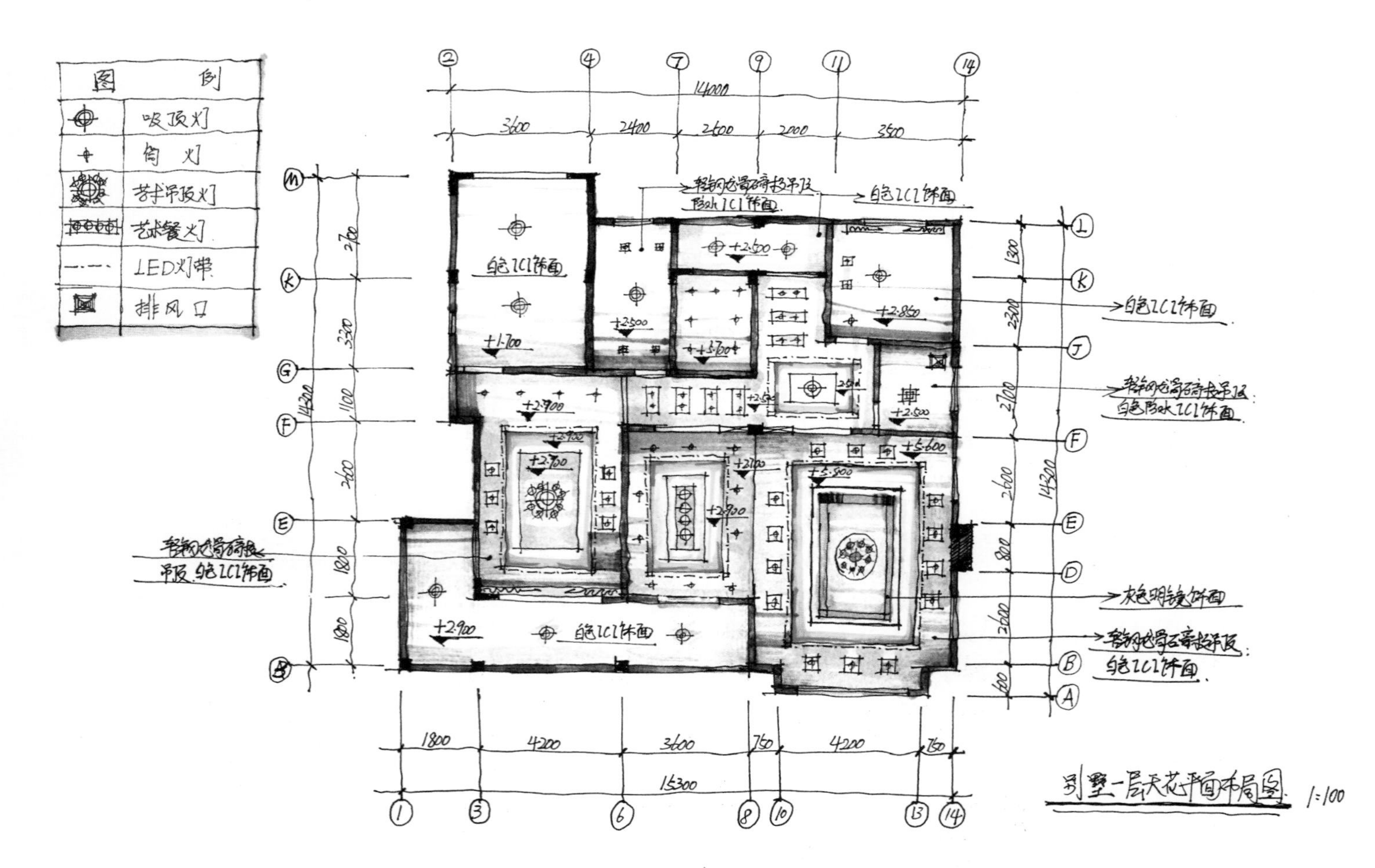

图 2-55　一层平面天花布局图（设计：康超）

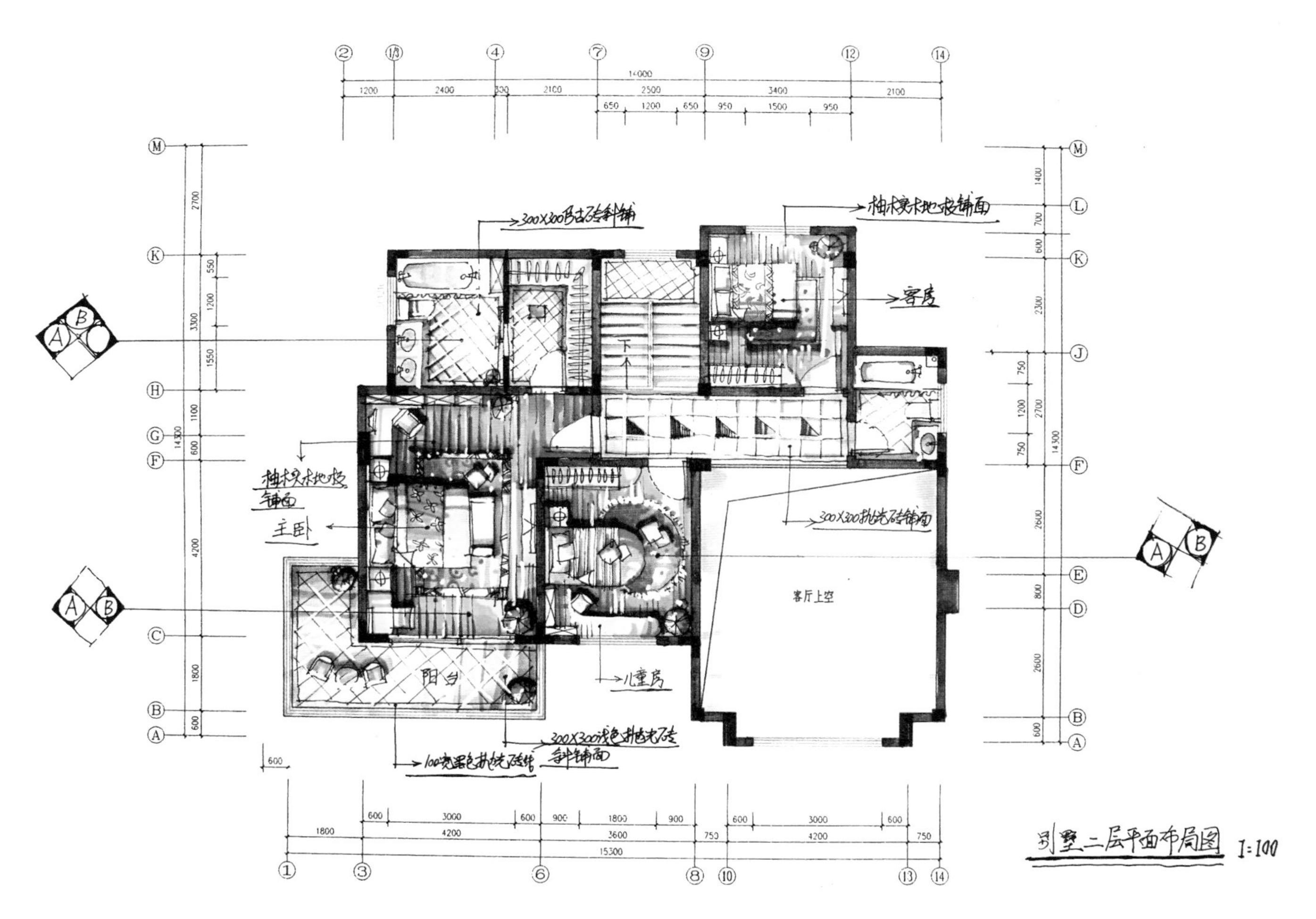

图 2-56 二层平面布局（设计：康超）

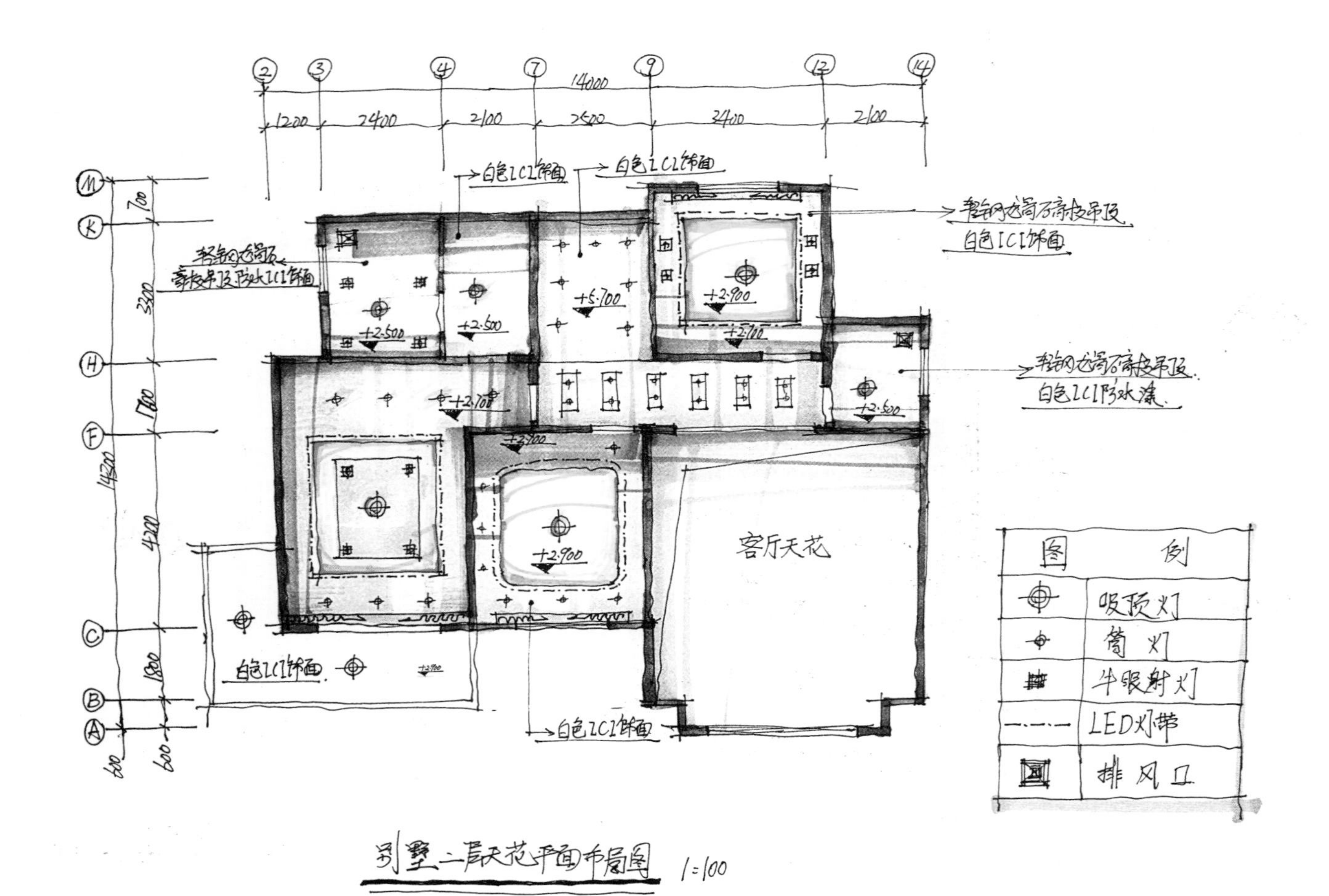

图 2-57　二层平面天花布局（设计：康超）

图 2-58　客厅效果（设计：康超）

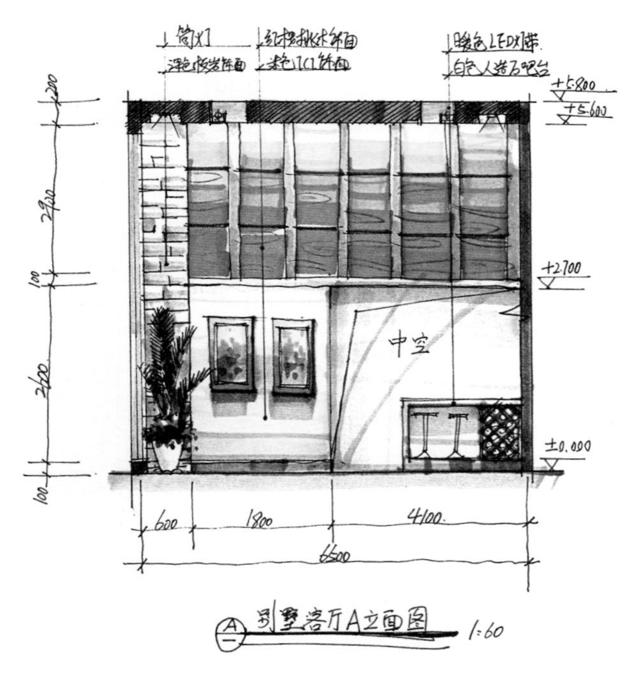

图 2-59　客厅立面一（设计：康超）

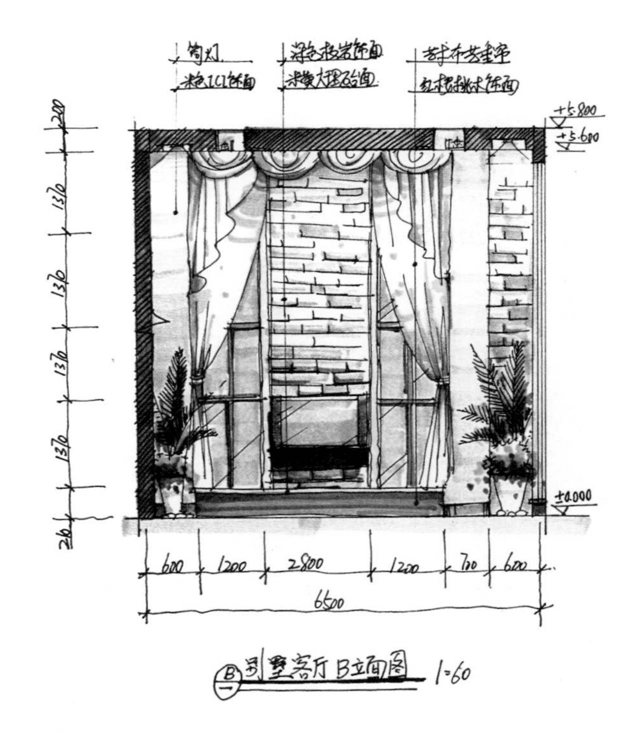

图 2-60　客厅立面二（设计：康超）

在餐厅部分，餐桌组合家具与方形艺术餐灯进行搭配使就餐环境更加具有温馨、艺术之感，同时增设酒柜收纳空间，不仅提高了空间的利用效率还丰富了餐厅的装饰效果，如图 2-61 和图 2-62 所示。

图 2-61　餐厅效果图（设计：康超）

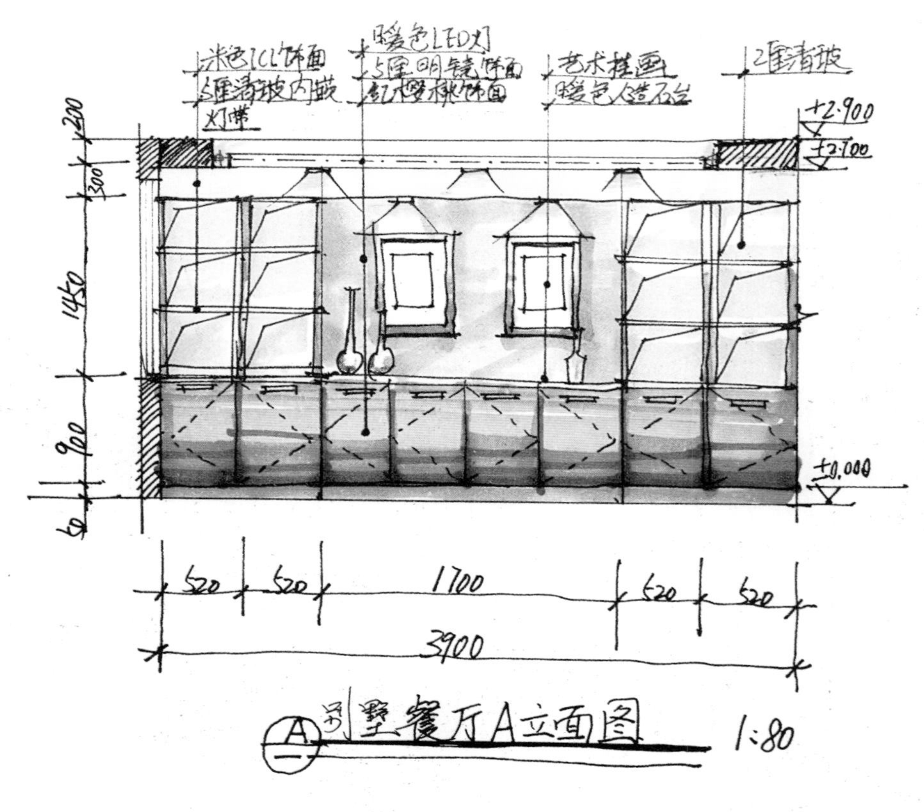

图 2-62 餐厅立面效果图（设计：康超）

在起居室空间设计上继续延续客厅室内风格，主要功能以休闲、娱乐为主，因此在沙发造型上选用了较为随意的 L 型休闲米色沙发，在沙发主背景墙立面上也同样运用了文化石，与电视背景墙米色大理石形成呼应，提高了空间装修档次，如图 2-63~ 图 2-65 所示。

图 2-63　起居室效果图（设计：康超）

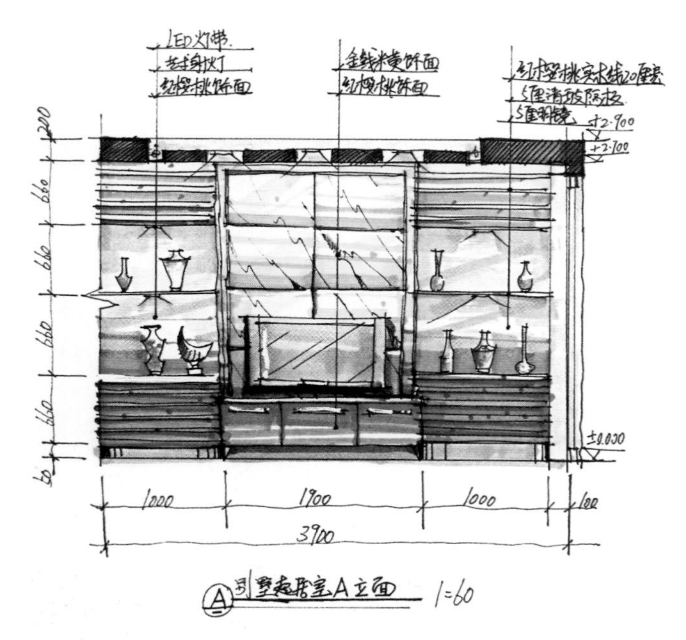

图 2-64 起居室立面效果图一（设计：康超）

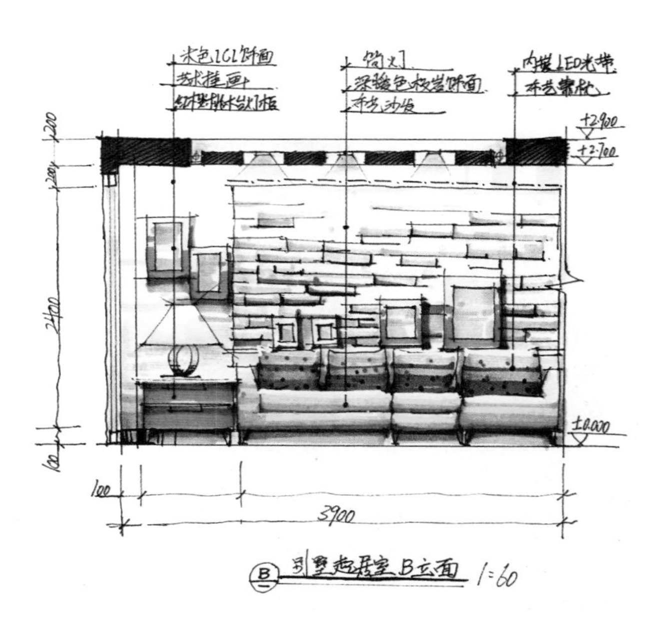

图 2-65 起居室立面效果图二（设计：康超）

厨房空间的设计主要体现对空间的利用效率：除做橱柜外还要搭配吊柜，使空间得到较大限度的利用，如图 2-66 所示。在橱柜主材选用上以红樱桃木饰板、铝合金扣边与暖色石英石台面为主，并搭配浅色玻化地砖、暖色仿古壁砖、艺术马赛克、白色防水 ICI 吊顶，体现了做工的精致，提高了厨房的装修档次，如图 2-67 和图 2-68 所示。

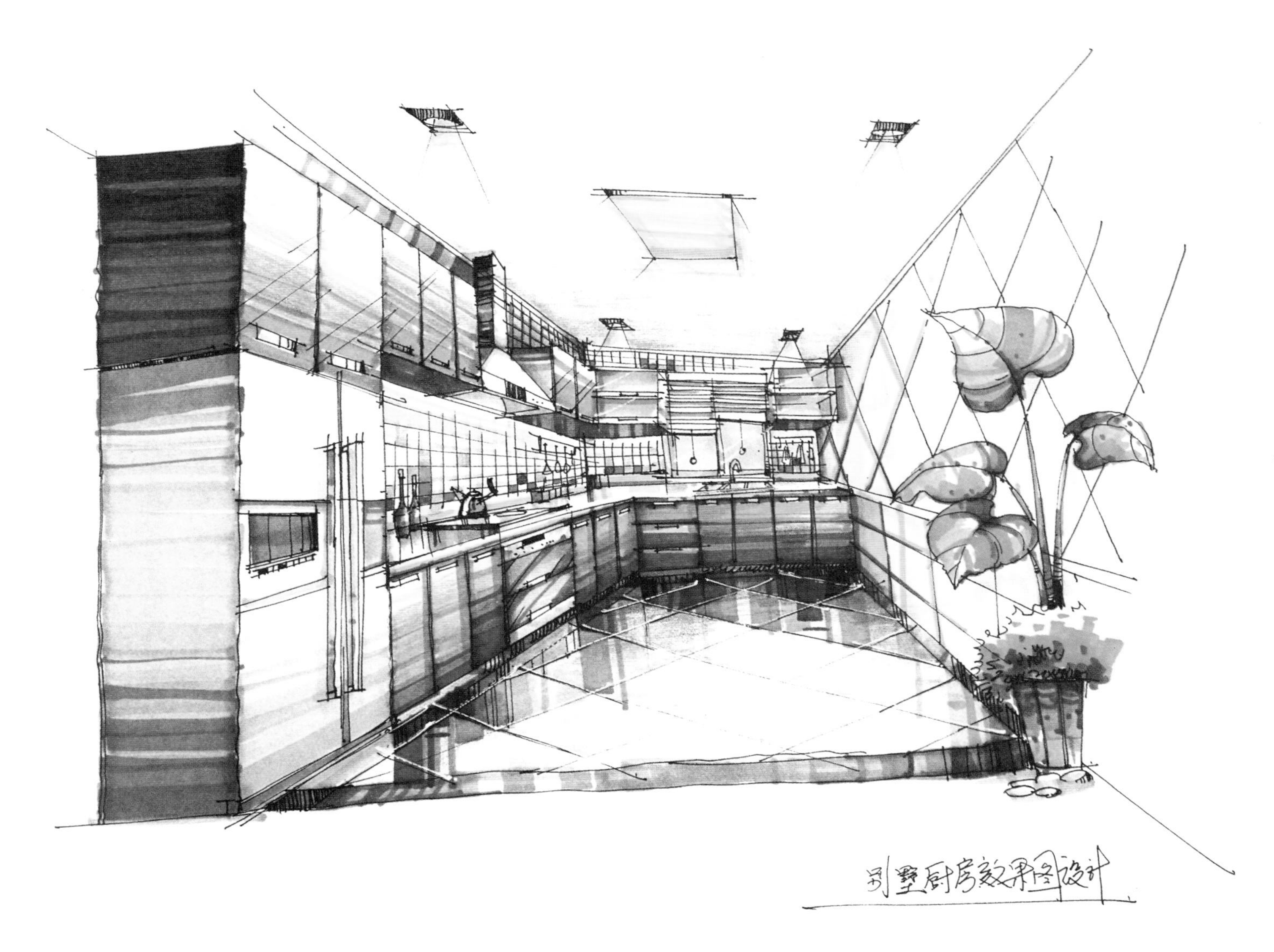

图 2-66　厨房效果图（设计：康超）

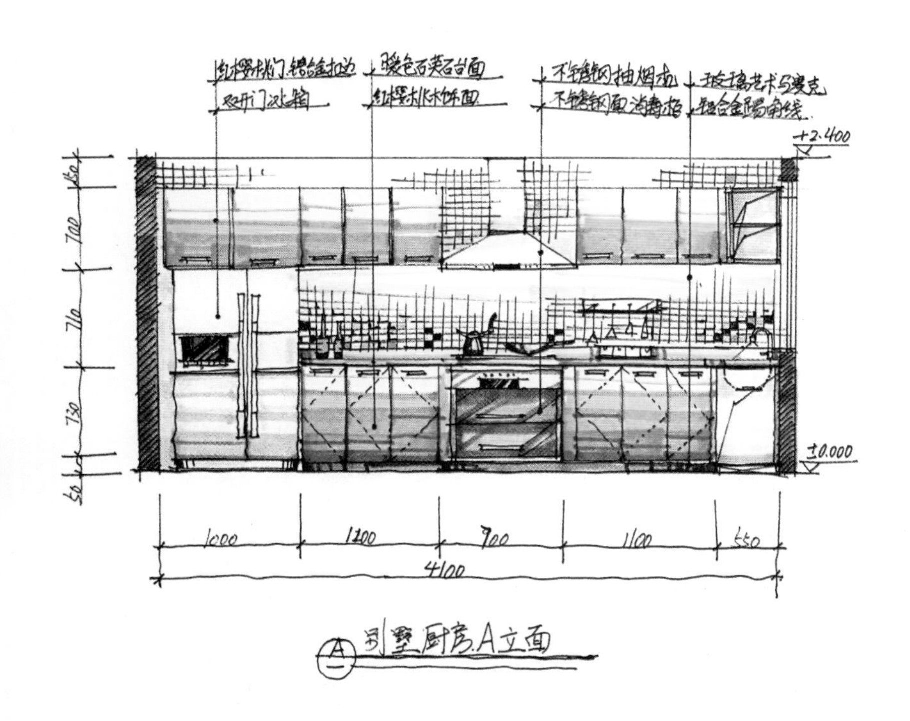

图 2-67　厨房立面效果图一（设计：康超）

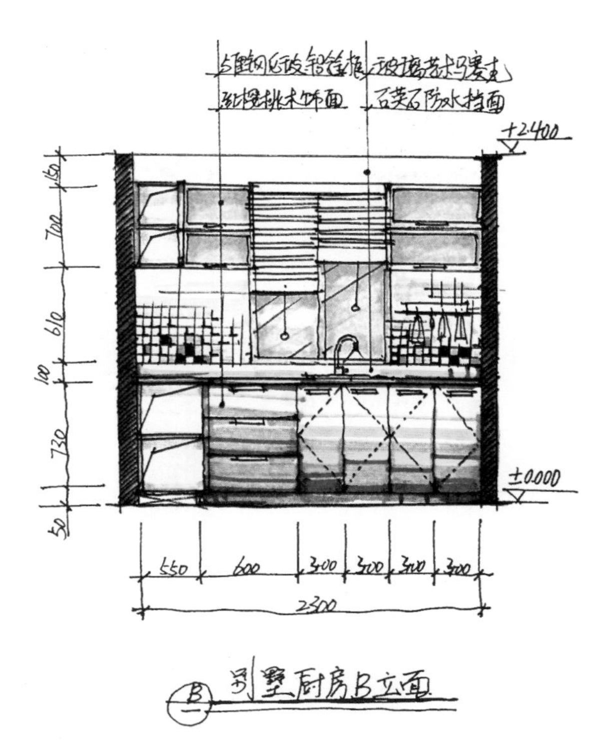

图 2-68　厨房立面效果图二（设计：康超）

主人房面积较大，除安排休息区外应放置书桌、书柜以满足平时学习办公的需求。在灯光照明上采用了整体照明与局部照明结合的手法，满足不同条件下的照明需求。软装饰上采用了紫色系的窗帘、艺术地毯、靠枕，增加了室内的休闲、浪漫气息，如图 2-69~ 图 2-71 所示。

图 2-69　主人房效果图（设计：康超）

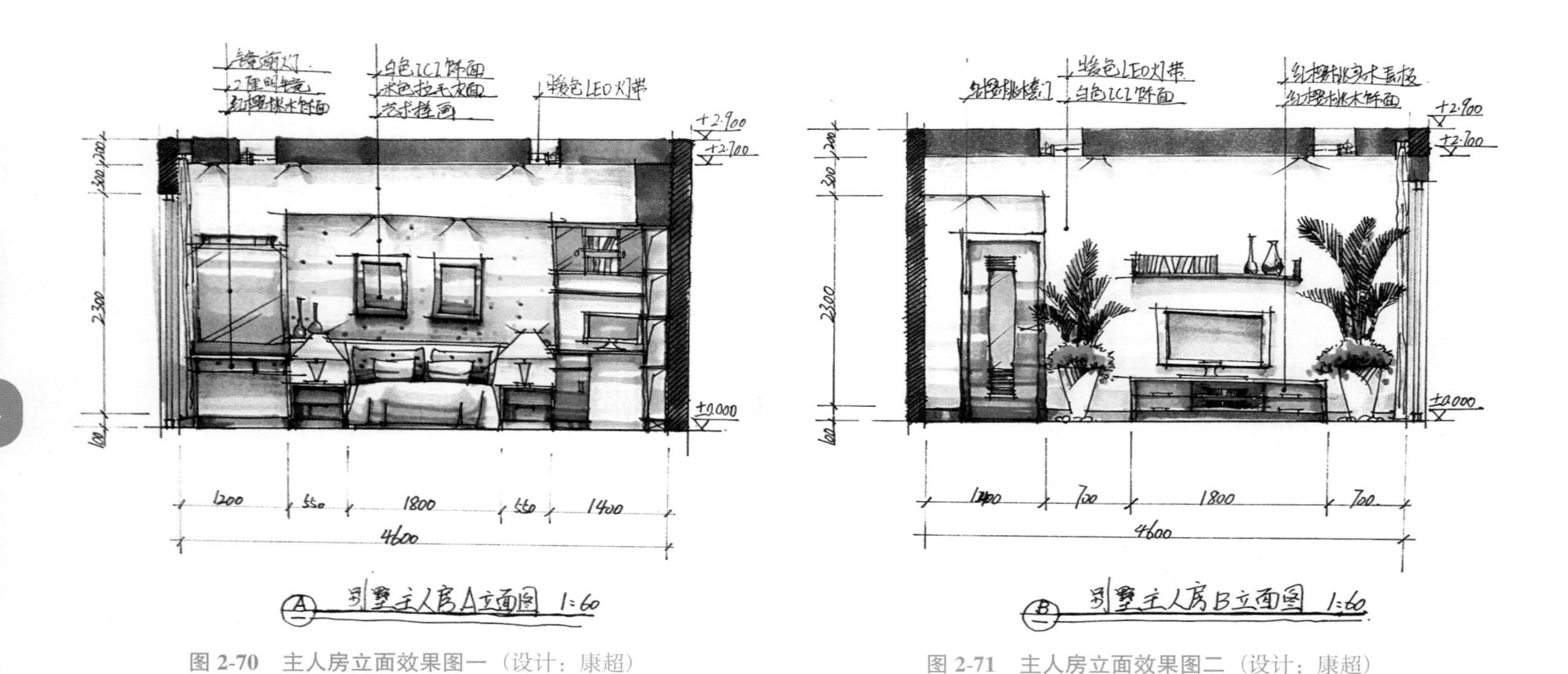

图 2-70　主人房立面效果图一（设计：康超）

图 2-71　主人房立面效果图二（设计：康超）

主人房衣帽间的设计比较紧凑，衣柜采用的是入墙开放式设计，便于日常的取挂，突出衣柜对空间的利用，并结合男女主人平时不同类型衣物的收纳需求，较好地设计了收纳大小饰品、不同衣物的空间，使空间使用更加有条理，如图 2-72~ 图 2-74 所示。

图 2-72 主人房衣帽间效果图（设计：康超）

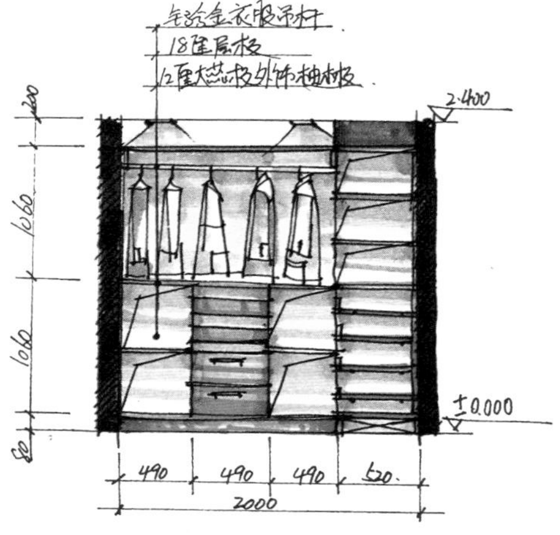

图 2-73 主人房衣帽间立面效果图一（设计：康超）

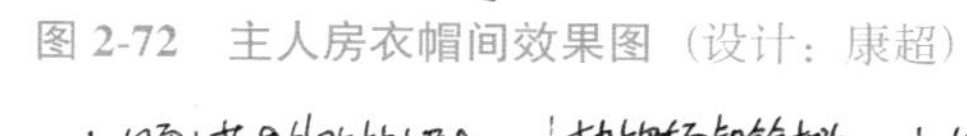

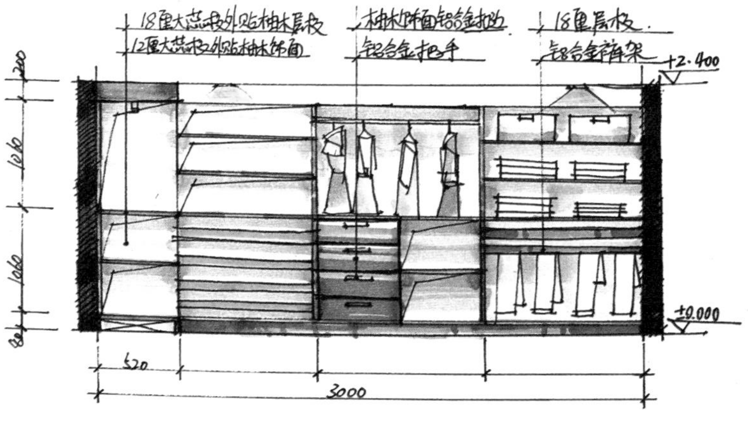

图 2-74 主人房衣帽间立面效果图二（设计：康超）

主人房卫生间洗面台采用的是双人式设计，并选用较为生活化的突出式洗面盆，使设计更加人性化，同时配以实木洗手台挂式柜、明镜面收纳吊柜，并在局部地面做卵石点缀，如图 2-75 所示，除考虑到住户平时的使用需求外，还平添了一丝暖意与休闲感。在卫生间墙立面上搭配艺术马赛克对空间的气氛活跃起到了较好的作用，如图 2-76 和图 2-77 所示。

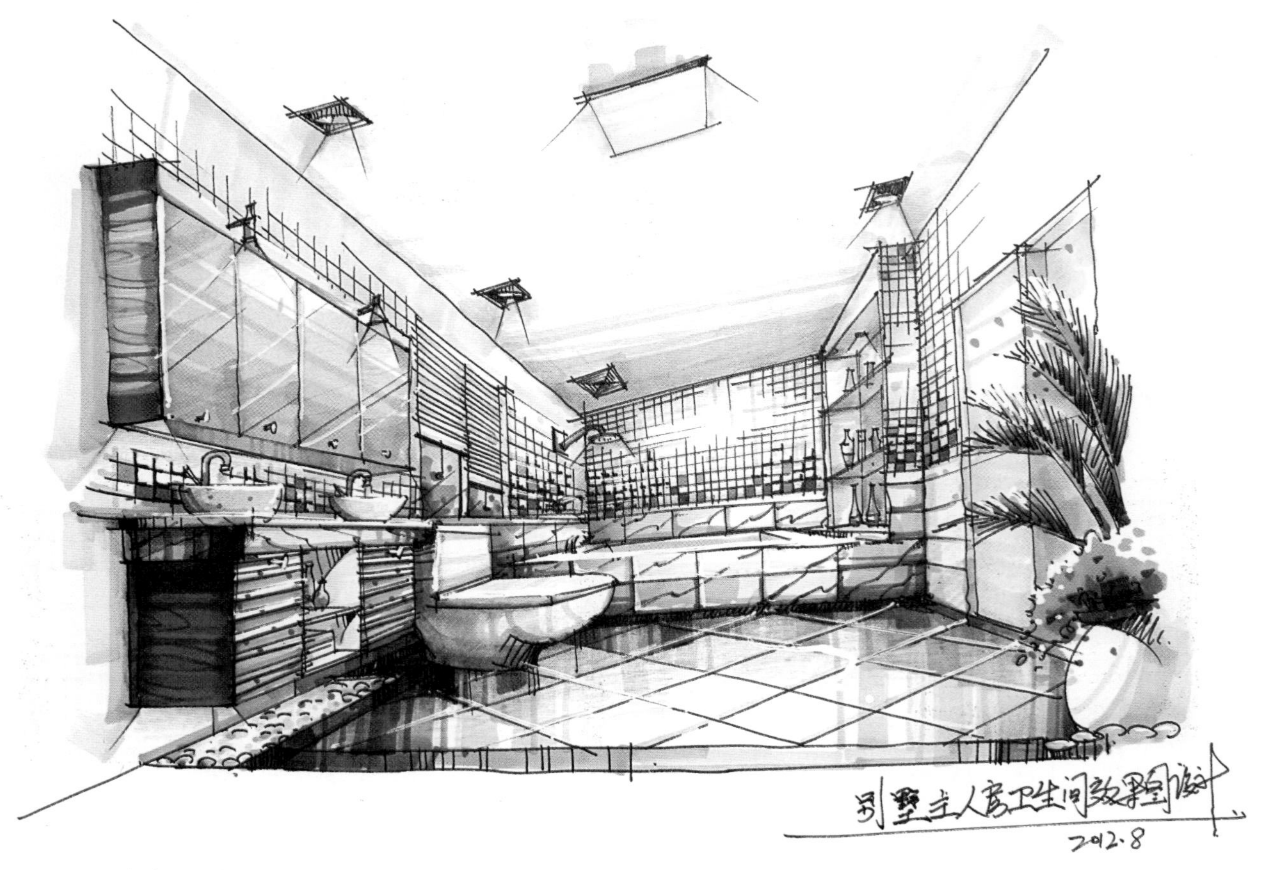

图 2-75　主人房卫生间效果图（设计：康超）

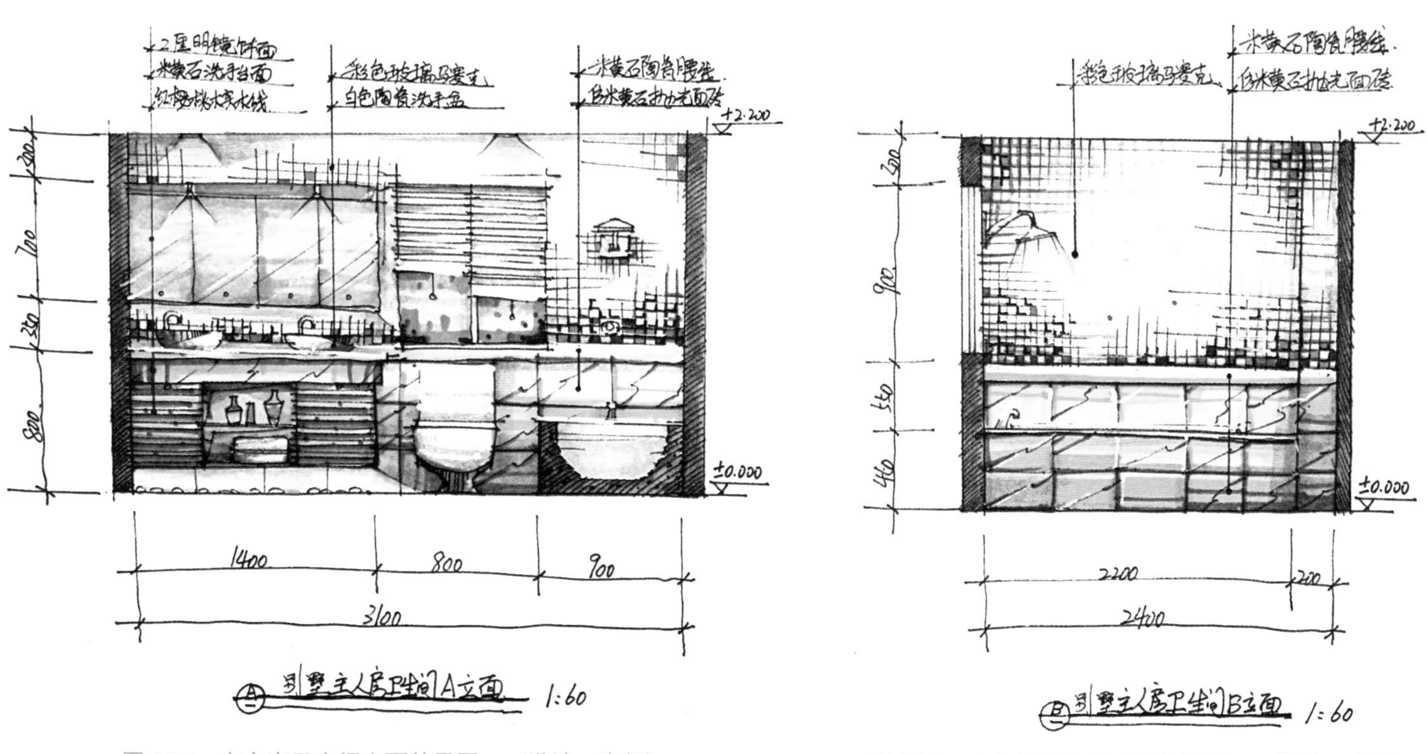

图 2-76　主人房卫生间立面效果图一（设计：康超）

图 2-77　主人房卫生间立面效果图二（设计：康超）

儿童房为一小男孩居住，因此色彩的运用比较艳丽与跳跃，符合这个时候小孩的心理需求，尤其是苹果绿乳胶漆墙面的运用；在家具材质的选用上有别于室内其他空间，选用了浅暖色枫木家具，与绿色调墙面背景色形成了很好的色彩搭配，使空间显得更加生机勃勃，如图 2-78~ 图 2-80 所示。

图 2-78　儿童房透视图（设计：康超）

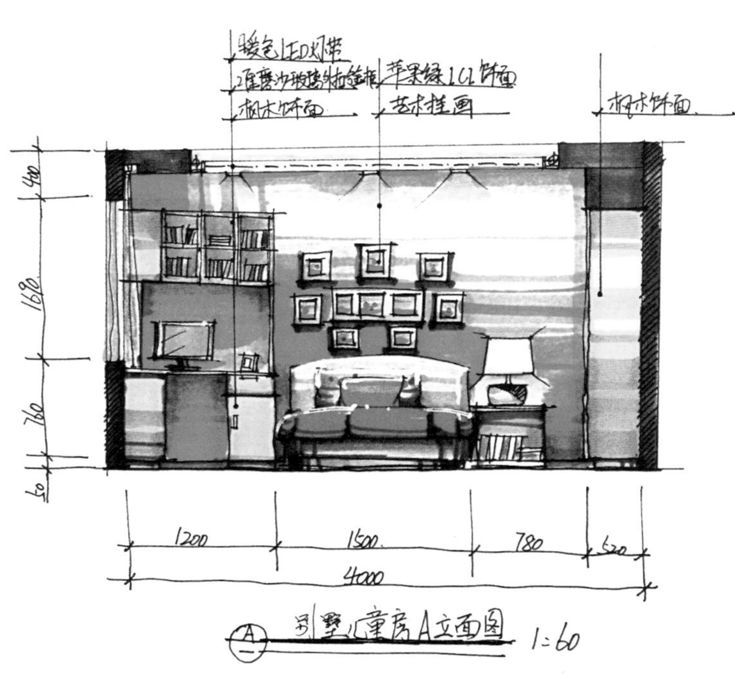

图 2-79　儿童房透视立面图一（设计：康超）

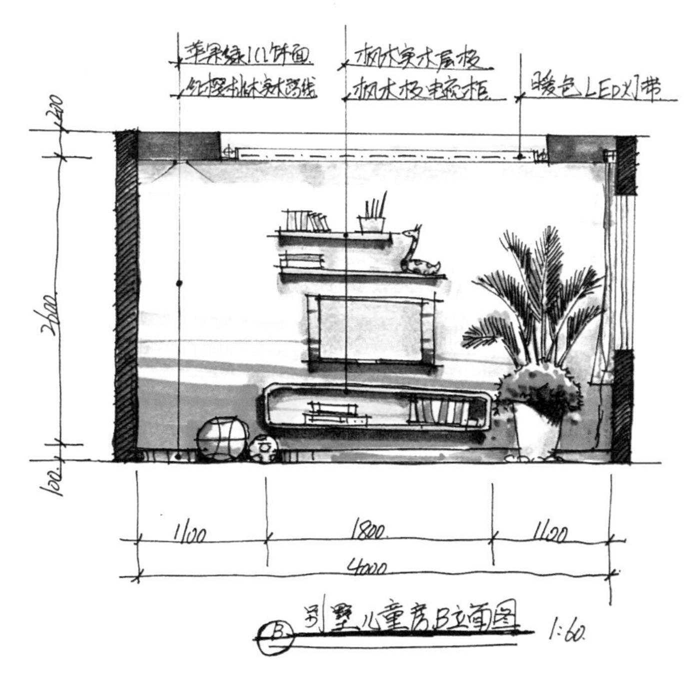

图 2-80　儿童房透视立面图二（设计：康超）

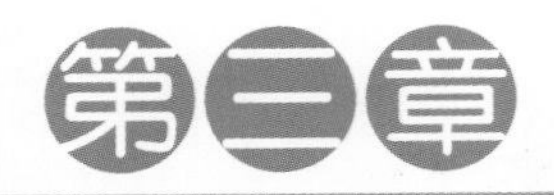

商用公共空间手绘方案设计

第一节　酒店会所、办公写字楼大堂设计基本概念

大堂是公共性建筑内部最具代表且居于中心位置的空间，是进入公共建筑物内部必经的地方，也是建筑物内给人们印象最深的一个地方，同时也是一个单位或企业的门面所在。因为大堂可以反映出独特的企业文化与企业的经济实力，所以大堂的装修设计在整栋建筑空间室内装饰部分占据了不可替代的位置，这也是很多企业愿意重金打造大堂设计的重要原因之一，如图 3-1 所示。

常见的大堂可以分为酒店会所大堂与商用写字楼大堂等类型，它们在设计上应遵循以下原则。

1. 大堂功能设计要求

1）满足交通功能要求；

2）满足接待、休息、办公服务等功能；

3）满足精神功能要求；

4）经营功能。

2. 大堂装饰设计要求

1）注重与环境相结合；

2）借景与造景；

3）注重表现民族传统与地方特色；

4）酒店会所类大堂的风格应创造返璞归真、回归自然的环境，建立充满人情味以及思古之幽情的情调（图 3-1）；

5）商用写字楼类的大堂设计应反映出企业的经营理念与企业文化。

图 3-1　酒店大堂效果图（和谐杯获奖作品）

3. 大堂功能区规划设计

（1） 大堂入口　大堂的入口是建筑物内外空间的交界处，是给顾客留下第一印象的地方，它的设计也日趋多样、完善。

（2） 共享中庭（结合建筑实际情况而设）

1） 综合宾馆的公共活动功能；

2） 小中见大，大中有小的共享空间；

3） 体现顶棚采光与室外空间感。

（3） 总服务台

1） 总服务台是大堂活动的主要焦点，在大堂较明显的地方；

2） 总服务台附近最好有总台办公室或贵重物品储物间；

3） 包括房间状况控制盘，留言及钥匙存放架、保险箱、资料架等设备；

4） 总服务台可以设置为柜式（站立式），也可以设置为桌台式（坐式）；

5） 设计因素包括：①色彩及配饰；②灯光设计；③界面设计。

（4） 休息区设计

1） 休息区设计要求。在位置的选取上，排除休息区的所有干扰因素；在装修、色彩、照明等方面，力争创造一个相对宁静、亲切、融洽、舒适的环境。

2） 休息区设计。既与大堂中其他功能空间相划分，又不打破大堂空间的整体性，即创造有虚空间特征的子空间。可以利用地面、天花、灯具、景观、家具陈设等手段，若设计隔断，注意隔断的高度要充分考虑人们坐视时的空间感觉。

（5） 酒店会所类大堂吧设计　大堂吧是宾馆几大功能区中重要的一部分，可独立设置也可从属于休息区。

大堂吧当中行为活动区域的划分：吧台区、视听表演区、休闲席位区、书报刊借阅区等，特殊大堂吧功能也相对复杂。

另外大堂还有许多辅助功能，如取放行李、小件寄存、衣帽间、珠宝或礼品店、花店、书店、邮政、银行、电话间、卫生间等，辅助设施应适当，不必过于暴露，切勿反辅为主，如图 3-2 所示。

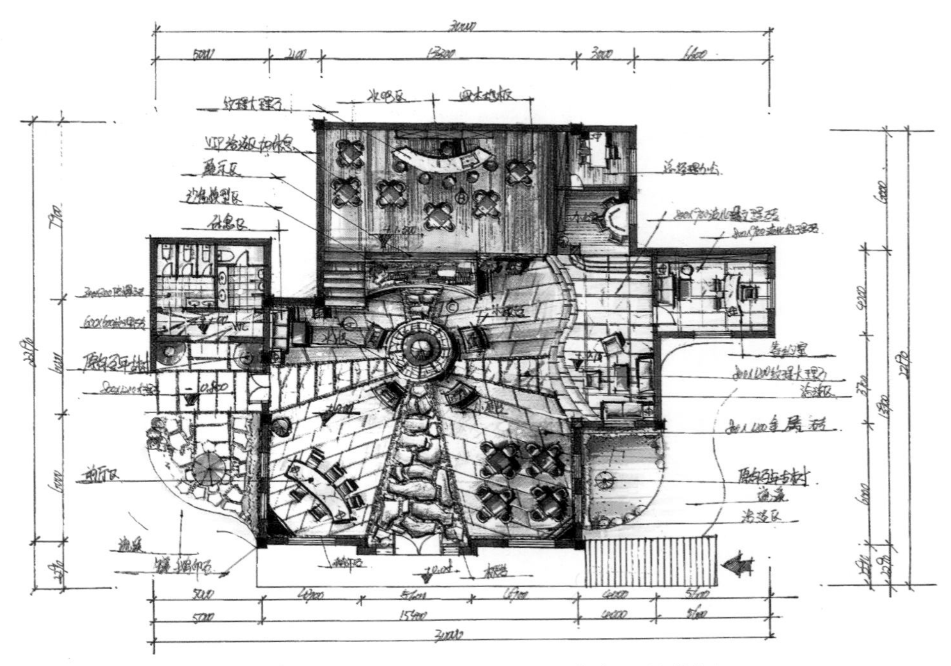

图 3-2　大堂平面布局图（作者：吴世铿）

一、办公楼大堂方案设计

（设计：吴世铿　指导老师：康超）

◆方案设计要求

1）结合平面图，按照办公大堂设计原则做到功能布局合理，便于人流、交通集散。

2）体现企业行业特征，能够很好地反映出企业形象及实力。

3）设置中庭共享区、共用休息区、大堂服务总台区等，符合现代企业办公大堂的特点。

4）在装饰材质选用上应考虑使用场所的功能需求，整体材料色调搭配协调、美观。大堂原建筑一层、二层平面图如图 3-3 和图 3-4 所示。

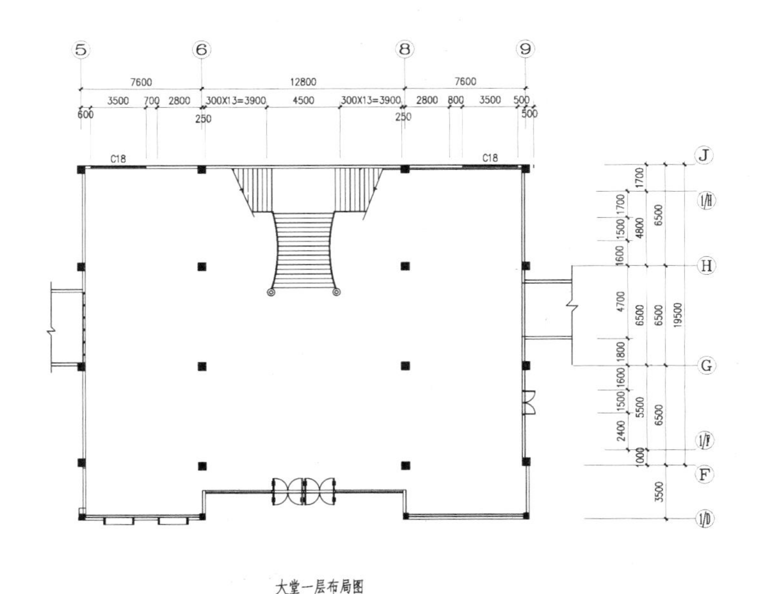

图 3-3　大堂原建筑一层平面图

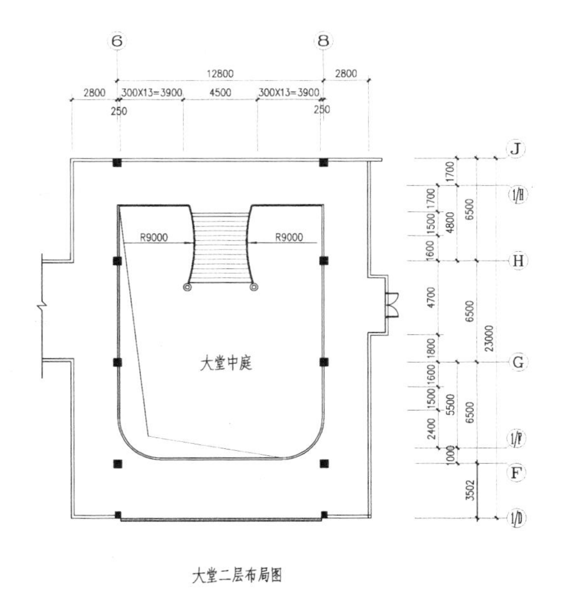

图 3-4　大堂原建筑二层平面图

◆方案设计分析

本案为一陶瓷企业办公大楼大堂设计，在总体设计上考虑结合企业形象识别系统设计（企业VI设计）。该企业是一家新兴的建筑陶瓷企业，企业广告色为白色、黄色、红色，因此在装饰色调上应与企业的形象色保持统一。在平面布局上大的功能分布应为：大堂中庭区、休息区、大堂总服务区等，布局简单明了，突出实用原则。还要突出企业形象宣传、人流交通、临时停留休息的功能。在设计风格上应以现代简约为主，可以给人以理性感，符合企业的现代管理理念。

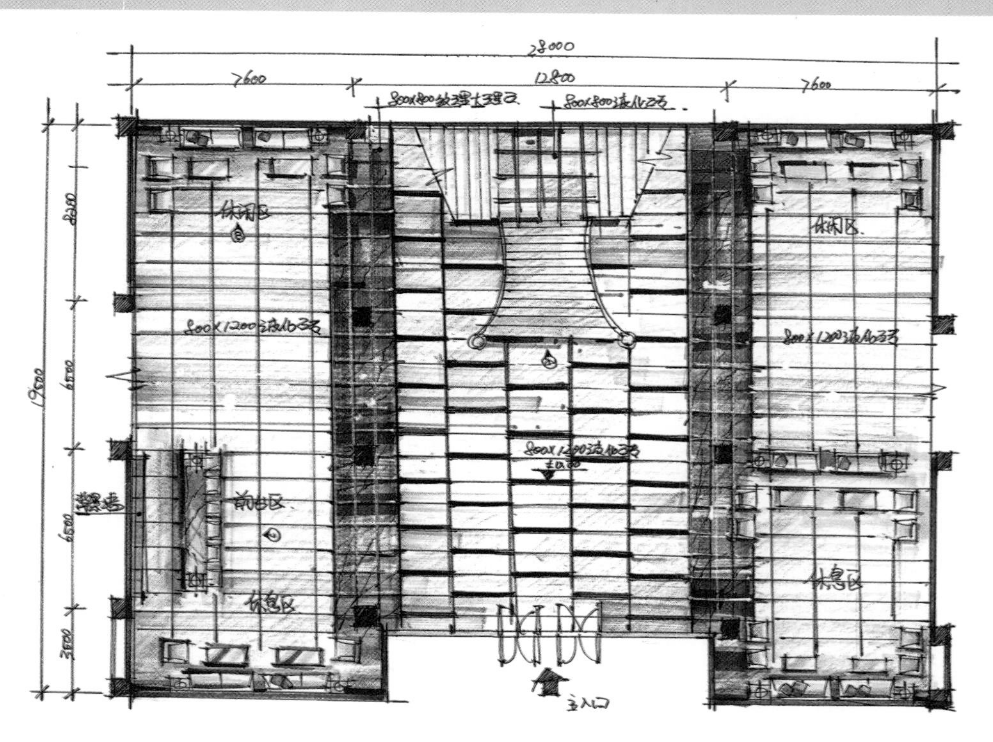

图3-5　大堂一层方案布局图（设计：吴世铿）

◆方案设计说明

本设计为一陶瓷企业办公大楼一层大堂空间，在设计风格上为现代简约主义，空间造型设计上以直线形为主，并在空间界面上运用重复、对称、构成的手法，使空间整体在视觉上有较强的序列感和空间感，能给人以理性、刚强之感，如图 3-5~ 图 3-8 所示。在平面功能布局上大致可分为：大堂中庭共享区、公共休息区、大堂总服务台区等，在大堂的中心地带设置企业形象墙造型，并与中庭人字形楼梯搭配，使视觉中心更加明显，更好地宣传了企业形象，提升了企业实力，也使得大堂环境更加有档次，如图 3-9 所示。在装饰材质应用上主要结合了企业的形象色，主材料选用为：白色玻化砖、米色大理石、白麻花岗石、黑金砂、灰色铝塑板等较为硬质的装饰材质，通过对这些材质的搭配，使空间色显得更加明快、轻快，这样符合陶瓷企业的行业特点，也符合企业现代化的服务与管理理念，如图 3-10~ 图 3-12 所示。

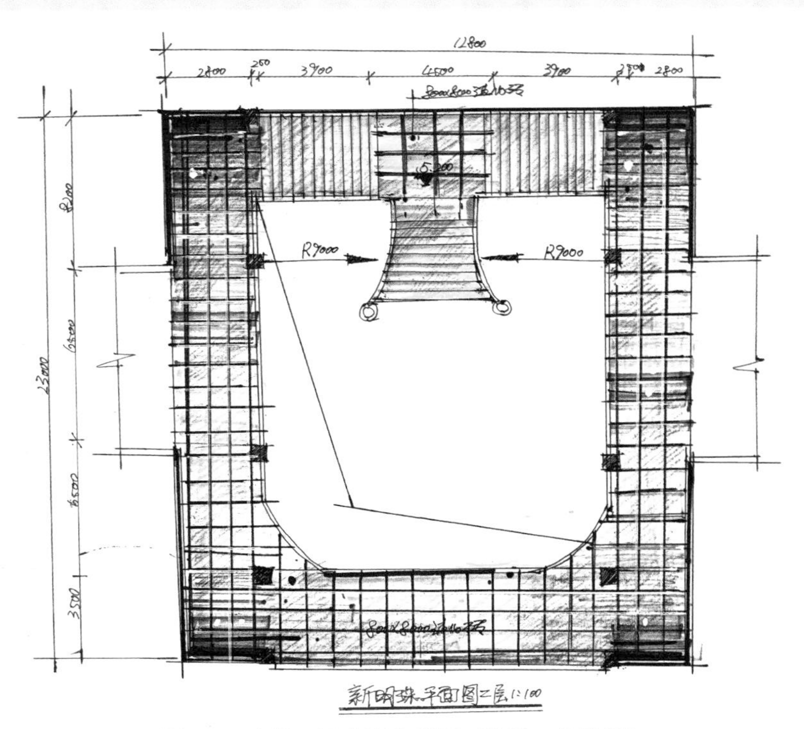

图 3-6　大堂二层方案布局图（设计：吴世铿）

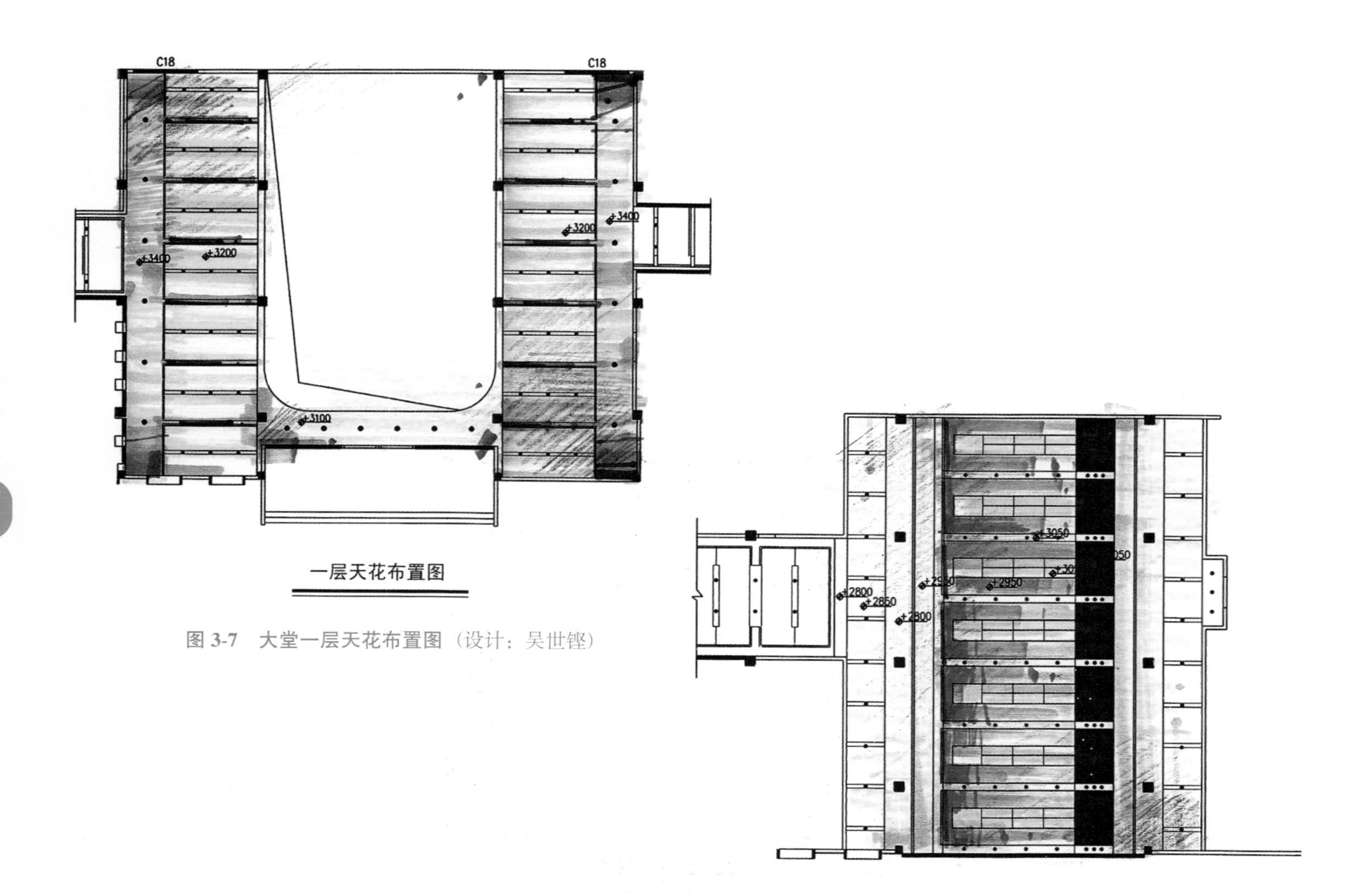

图 3-7　大堂一层天花布置图（设计：吴世铿）

图 3-8　大堂二层天花布置图（设计：吴世铿）

图 3-9　办公楼大堂效果图（设计：吴世铿）

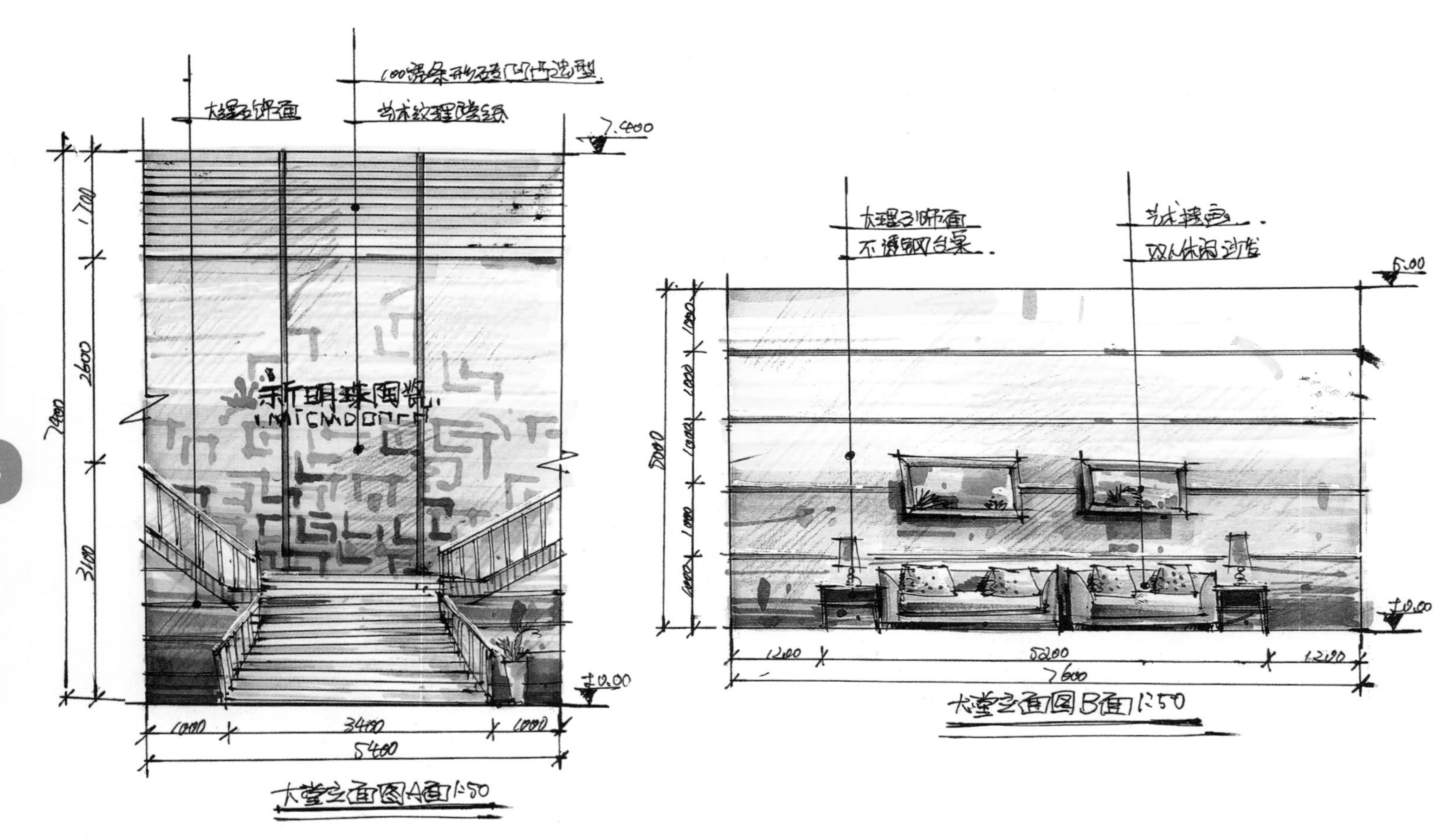

图 3-10　大堂 A 立面图（设计：吴世铿）

图 3-11　大堂 B 立面图（设计：吴世铿）

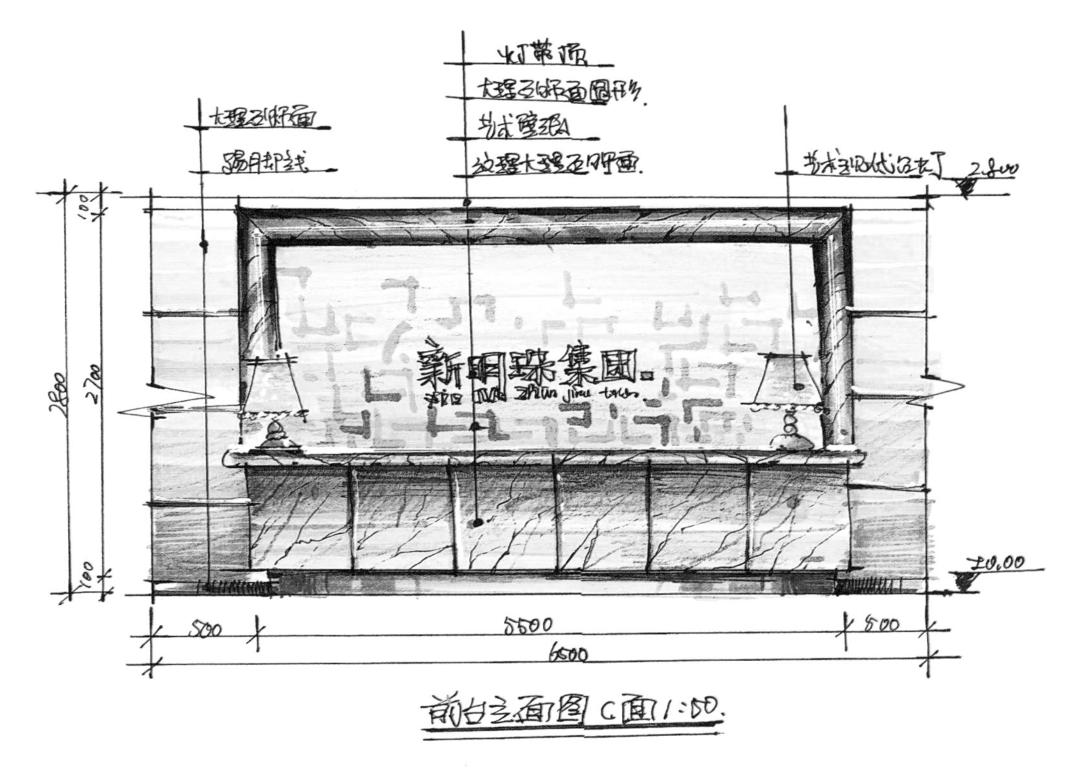

图 3-12　前台 C 立面图（设计：吴世铿）

二、房地产售楼部大堂方案设计

◆方案设计要求

1）注重功能分区合理化，注重行业特征性。

2）大功能分区：接待前区、洽谈前区、后台办公区、模型展示区、洗手间。

3）楼盘分格为欧式建筑，本售楼部需切合楼盘分格设计、体现楼盘风格品位，使用时间为四年，要体现高贵豪华、有亲切感的销售氛围，售楼部原建筑平面图如图 3-13 所示。

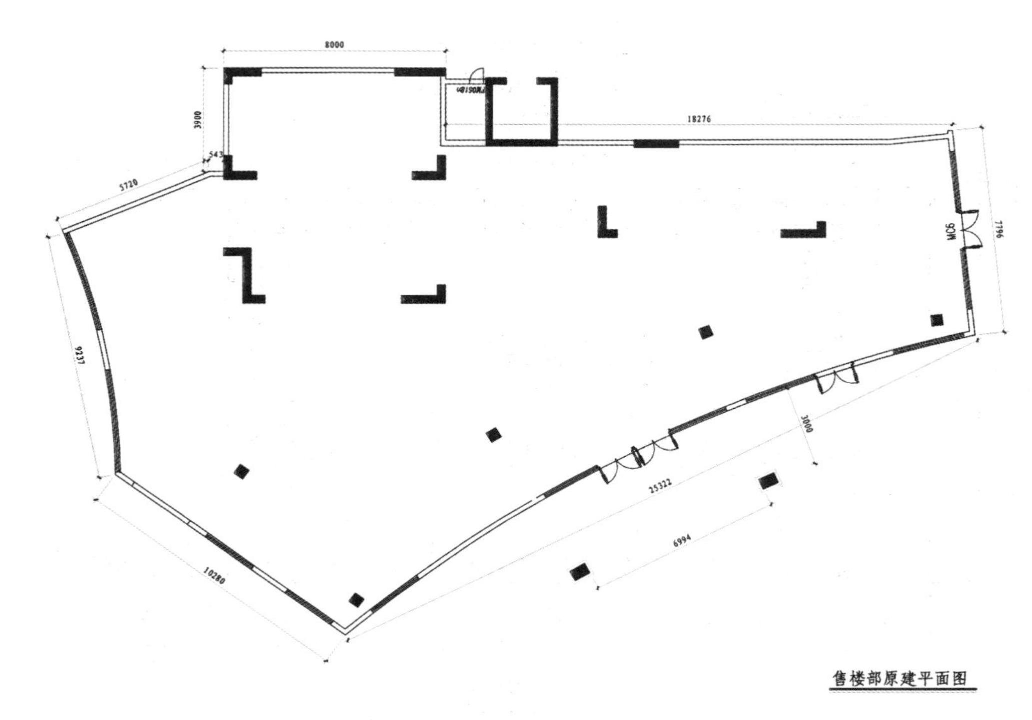

图 3-13　售楼部原建筑平面图

◆方案设计分析

该空间为某房地产售楼部，根据房地产行业特征在功能布局上应以展示、洽谈为主，同时兼备房地产公司办公功能,所以在大的平面布局上应分为前台服务、后台办公两大区域，如图 3-14 所示。考虑到该空间为公共场所，参观人流量较大，因此平面功能布局要注重交通流线的设计安排。当人们进入大堂后应对人流进行分流：可安排休息区、洽谈区、模型展示区、总服务台，根据人流的不同目的来设置平面功能布置，如图 3-15 所示。在设计风格上考虑到售楼部的内部装修格调、档次会体现企业的形象、经济实力等方面的因素，因此在装修风格上应以豪华格调为主,同时在艺术格调上采用欧式新古典主义风格,可以较好地体现企业的形象和实力。

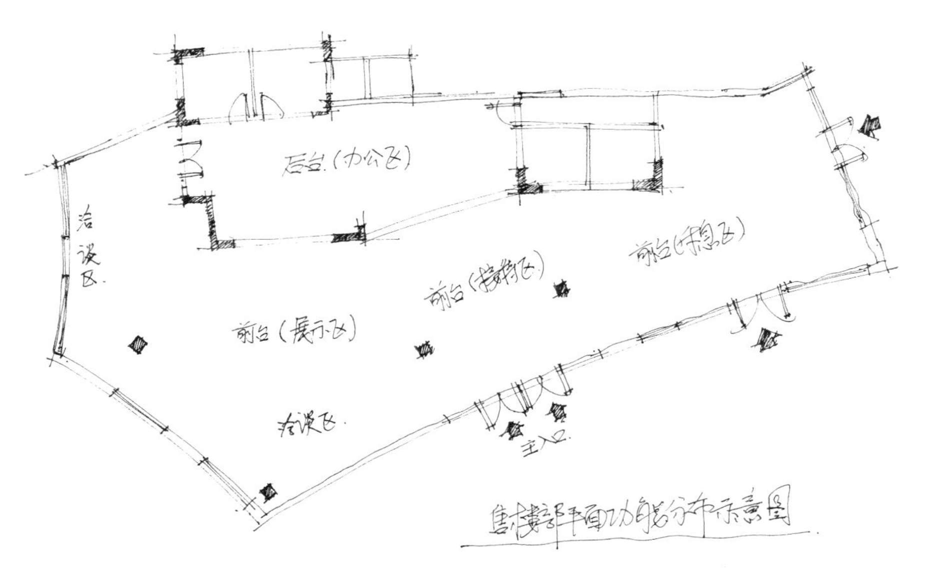

图 3-14　大堂平面功能分布图

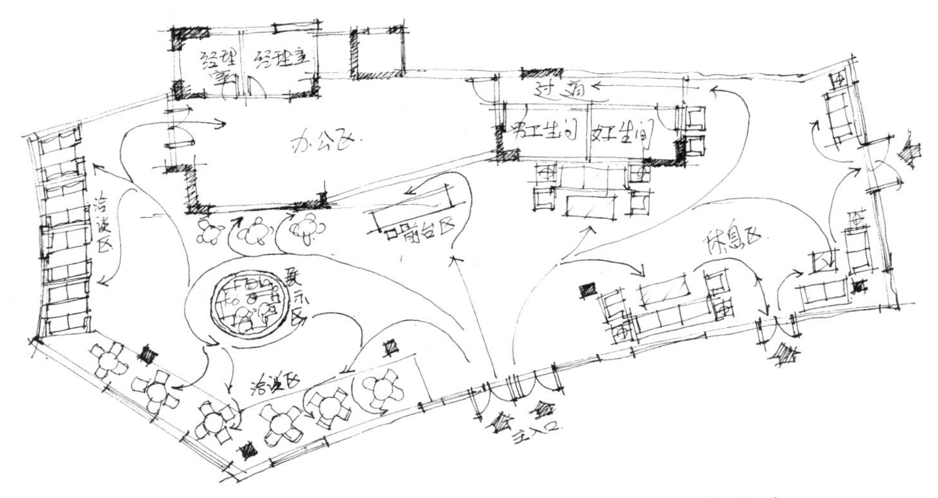

图 3-15　大堂交通流线平面分布图

◆方案设计说明

本方案考虑到该售楼部的建筑外观为欧式风格，因此在室内装饰艺术上延续建筑外观风格，采用的是欧式新古典主义风格，符合现代企业经营理念，如图 3-16 所示。在平面功能布局上分为营业服务前区和办公后区，如图 3-17 和图 3-18 所示。前区在功能布局上注重看楼客人在大堂的活动路线，并以此为依据配设休息区、洽谈区、楼盘样板间展示区，使功能布局更为合理实用。同时安排后区办公区域，办公区设有公共办公区与经理办公室，可以满足工作人员日常办公需求。在设计艺术风格上以简欧式为主，因此在色彩上以温馨典雅的暖色系为主，主材选用上以体现豪华富贵之感的米黄大理石、钛金、咖啡纹等高档石材、金属材质为主，并搭配暖色调复古软装、艺术照明灯具等营造出较好的艺术氛围，使设计更加贴切主题,彰显富贵、高雅、时尚的艺术格调，从而体现楼盘的高档次和企业的实力，如图 3-19~ 图 3-21 所示。

图 3-16　售楼部大堂效果图（设计：康超）

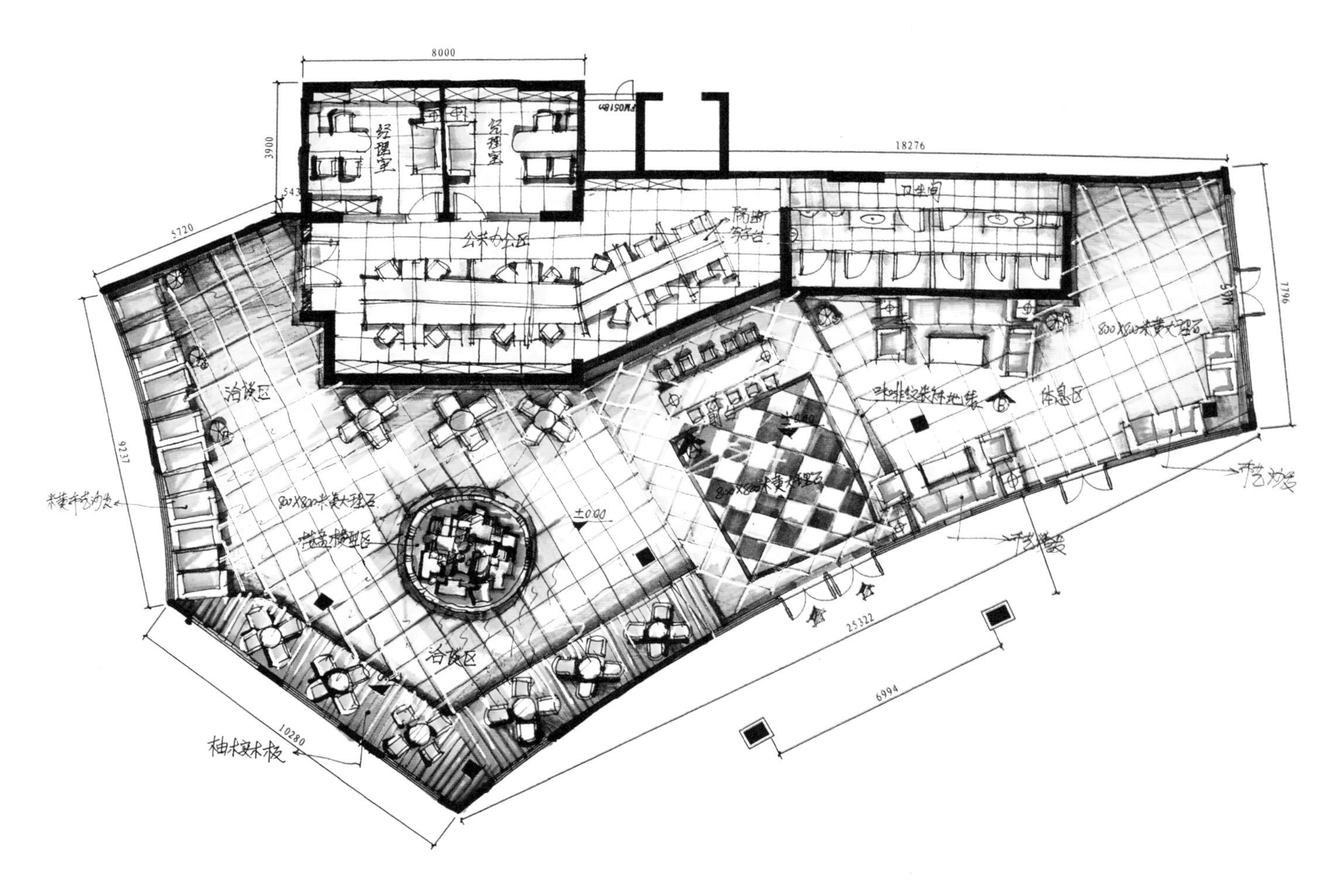

图 3-17　售楼部平面布局图（设计：康超）

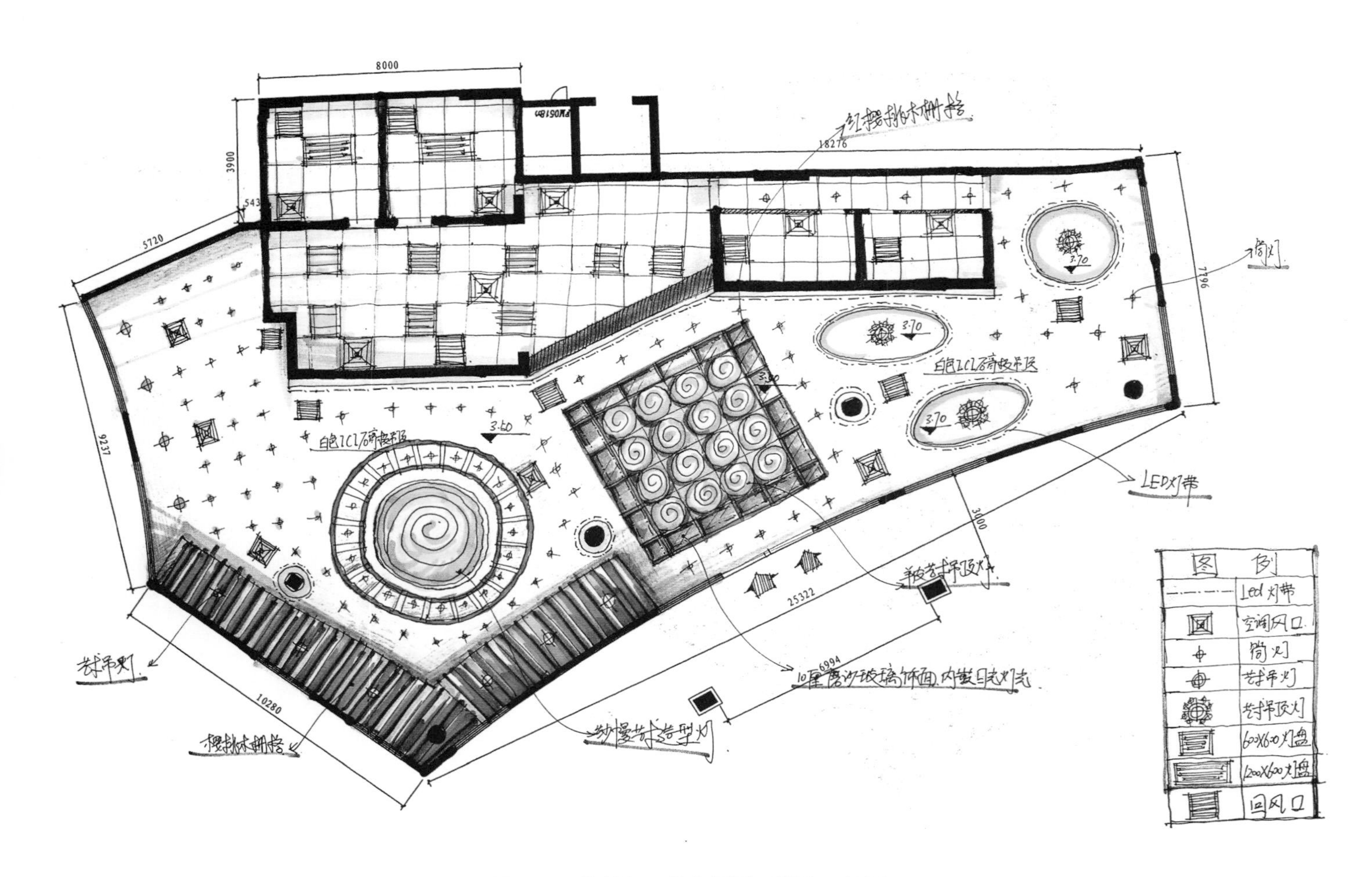

图 3-18　售楼部天花布局图（设计：康超）

图 3-19　售楼部大堂休息区效果图（设计：康超）

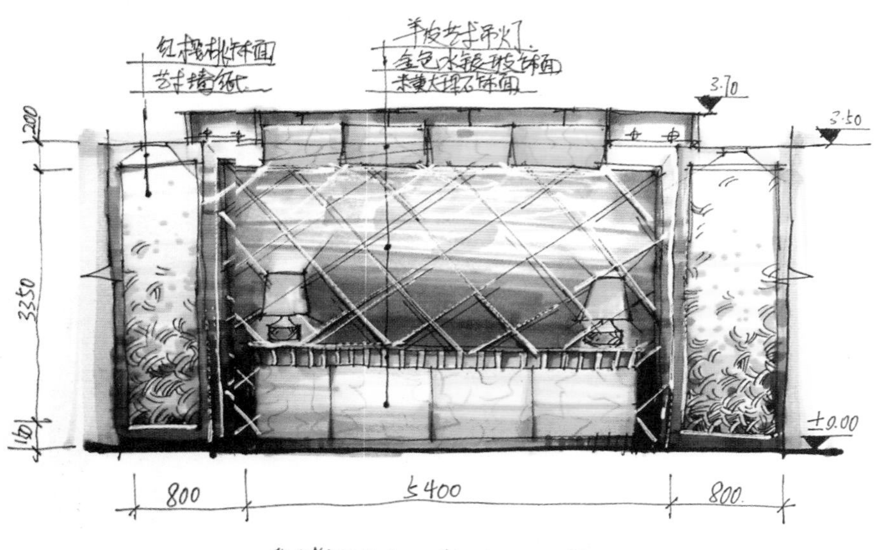

图 3-20　售楼部营业大堂 A 立面图（设计：康超）

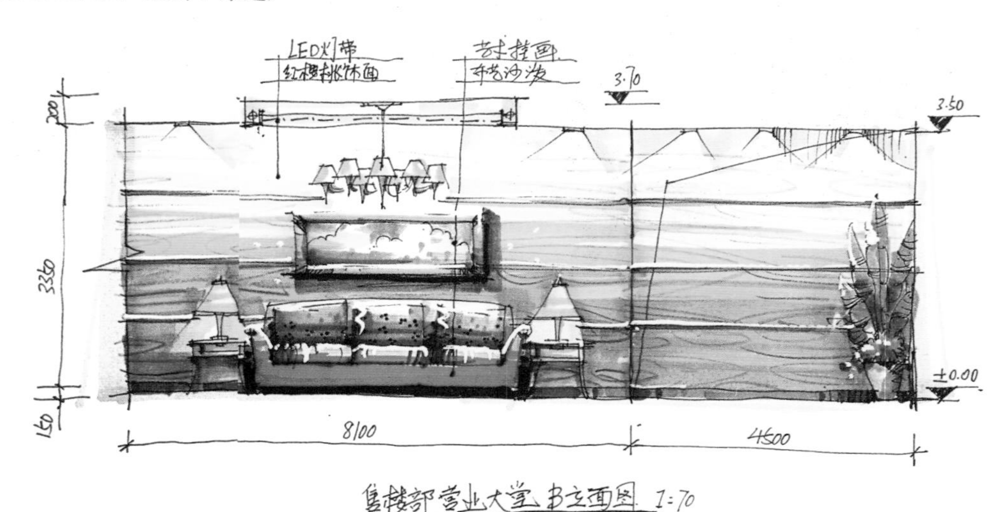

图 3-21　售楼部营业大堂 B 立面图（设计：康超）

三、高尔夫休闲会所大堂方案设计

◆方案设计要求

1）大堂风格设计应现代休闲，能给人以回归自然之感，符合现代休闲会所的行业特征。

2）大堂功能划分应包括：服务前台、休息区、会所规划模型沙盘区、大堂吧、大堂商务中心、高尔夫运动器材专卖区等，卫生间可不考虑。

3）装修档次应豪华大气、有富贵之感，原建筑平面图如图3-22所示。

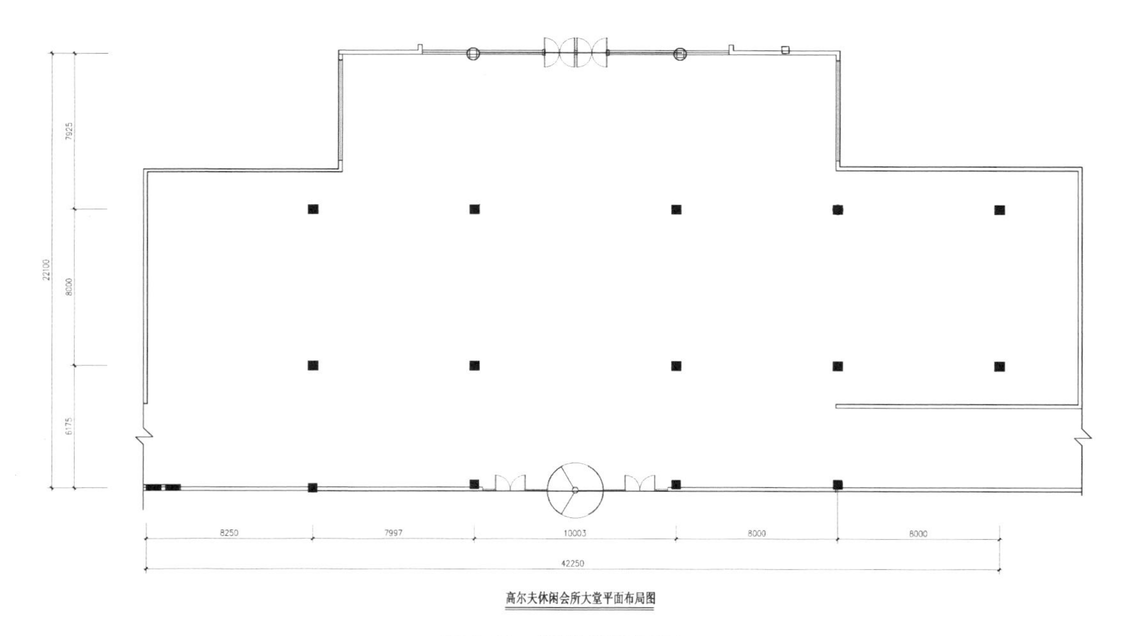

图3-22 原建筑平面图

◆方案设计分析

本会所为集休闲、度假、商务会议于一体的综合性度假胜地，定位于高端市场，主要以高尔夫运动休闲为主，因此在设计风格上应以休闲放松、回归自然为设计元素。在设计主题上需更加鲜明，体现高尔夫休闲运动。因此设计中应体现与高尔夫运动相关的素材，这样更符合高尔夫会所设计的主题要求。在大堂平面功能分布上应注重室内交通流线，便于人们的通行与集散，提高空间的使用效率。考虑到会所定位高端，所以功能安排应全面，除安排以休闲为主的大堂吧外，应设置商务中心，突出会所也具备的商务功能性，满足不同客户的需求。另外也要适当安排高尔夫器材专卖区，满足大堂具备与主题相关的商务活动的功能，如图 3-23 所示。

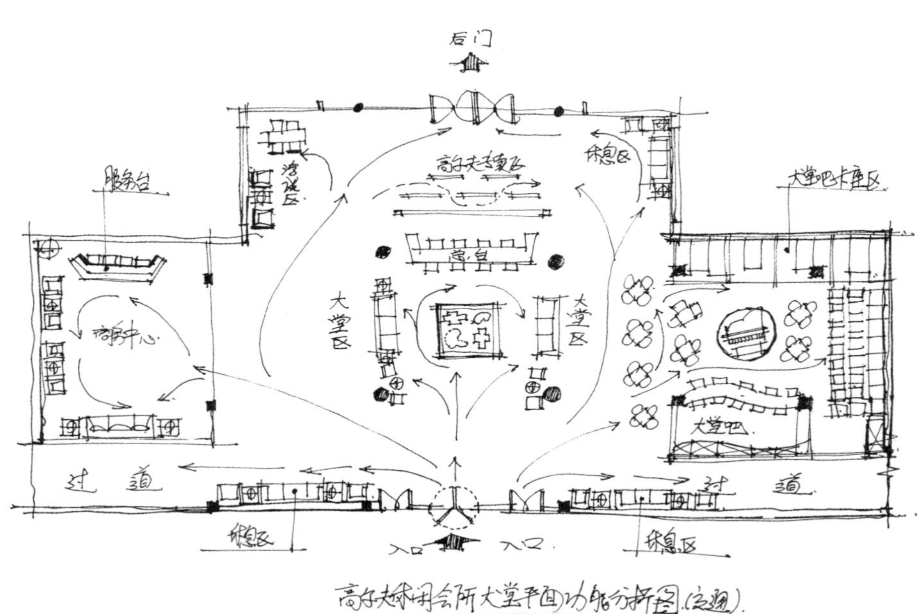

图 3-23　功能分布及交通流线

◆方案设计说明

由于本案为以高尔夫休闲运动为主的会所，因此在设计元素上多采用与高尔夫相关的题材，在设计风格上应体现现代休闲，所以采用现代简约主义与东南亚风格相结合的形式，通过运用原木、文化石、藤木家具、暗绿调装饰色来体现一种休闲、回归自然、令人放松的气氛，如图 3-24 和图 3-25 所示。在大堂设计上：墙立面及吊顶装饰上都选用了有东南亚室内特色的柚木材质，并同时配以藤木休闲座椅、沙发以及紫色系软装搭配，给人营造出具有东南亚风情的休闲、原始、回归自然的格调，如图 3-26 和图 3-27 所示。中庭沙盘展示区域部分配以大尺寸绿色调艺术地毯，使人联想到高尔夫绿茵运动场，此装饰手法更加贴切设计的主题，另外为了体现大堂装饰的豪华富贵，在地面材质上选用了抛光米黄大理石天然石材，使室内整体色调更加协调。

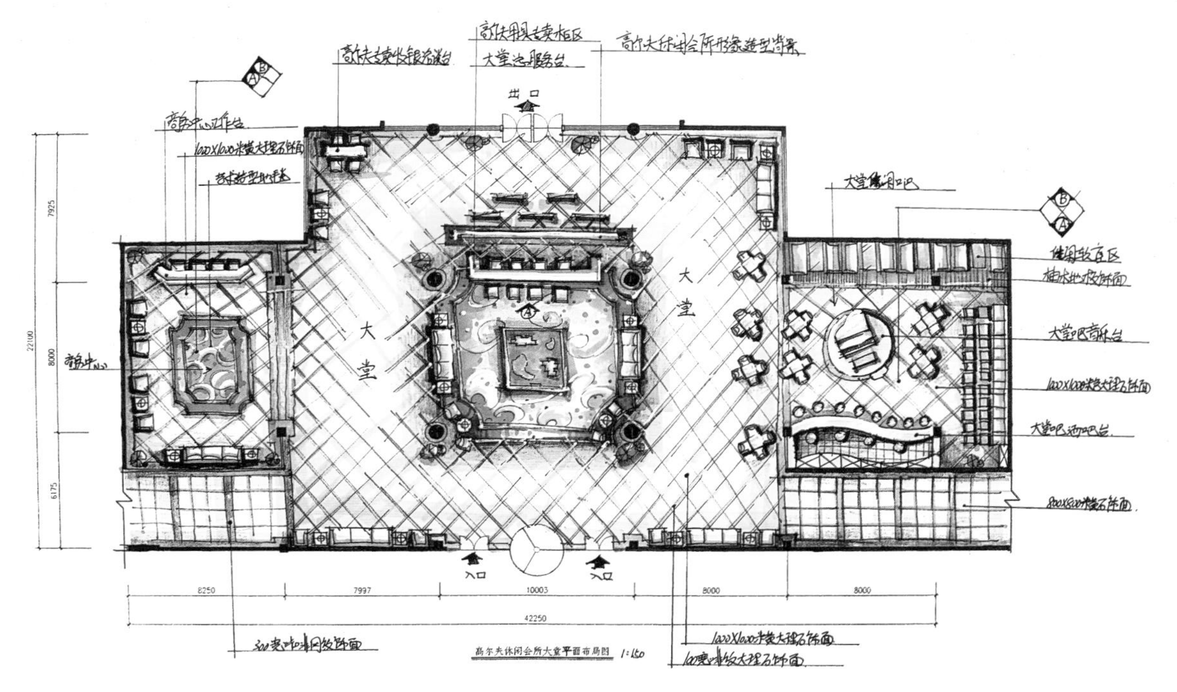

图 3-24　会所大堂平面布局图（设计：康超）

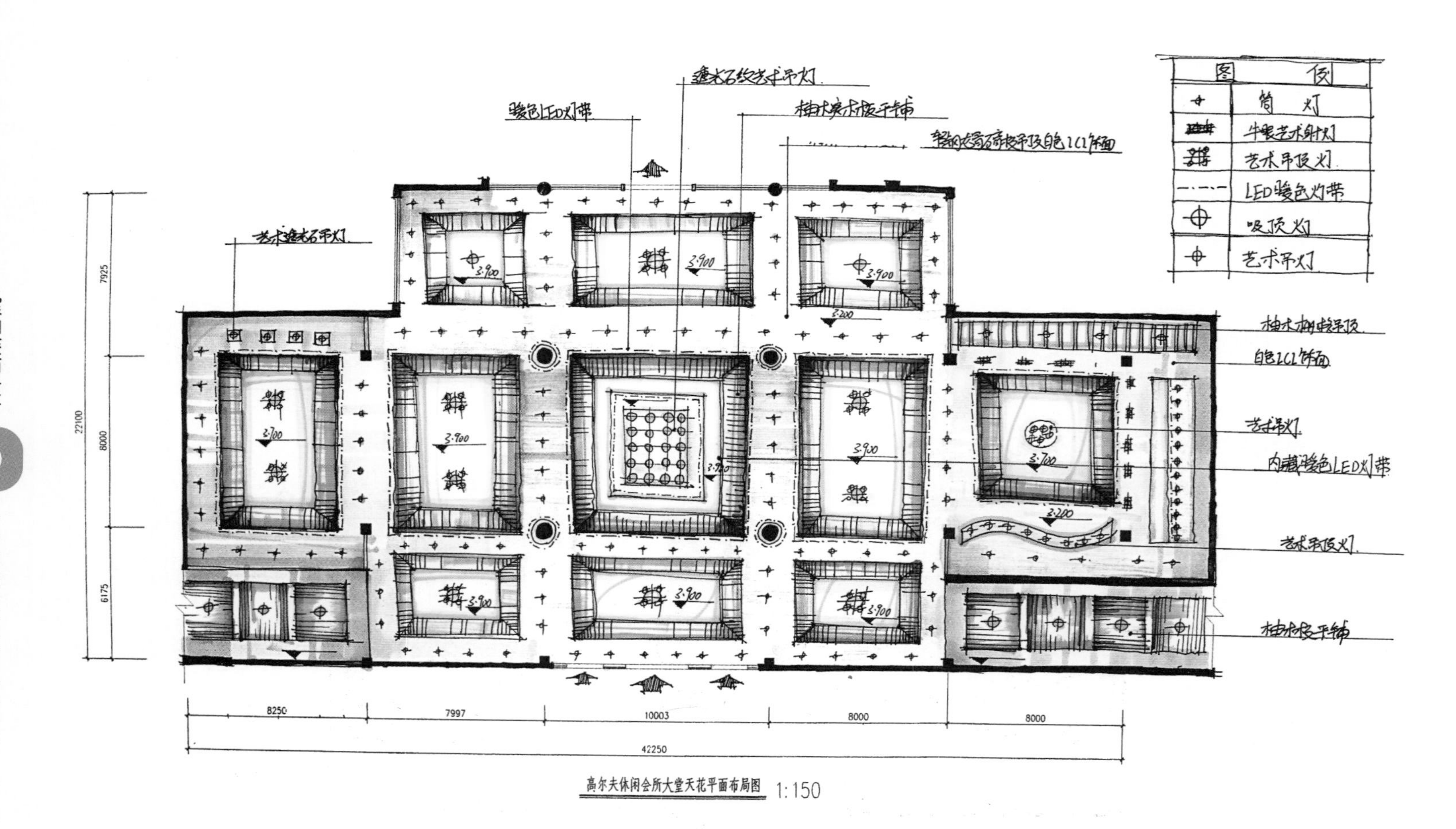

图 3-25　高尔夫休闲会所大堂平面天花布局图（设计：康超）

图 3-26　高尔夫休闲会所大堂效果图（设计：康超）

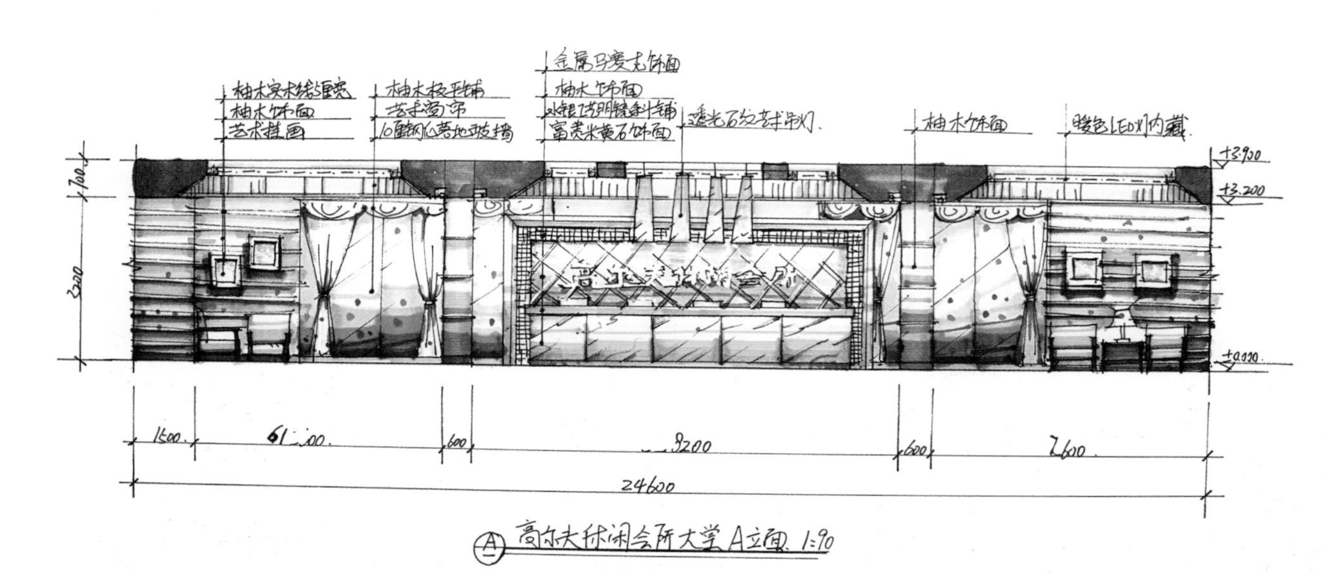

图 3-27　高尔夫休闲会所大堂 A 立面图（设计：康超）

在大堂吧设计上：继续延续大堂的室内风格；水吧、酒柜运用了大量的天然毛石、柚木等材质给人以怀旧之感；在造型上，吧台、酒柜以及相应的吧台艺术吊灯都采用 S 型造型，使得外观显得更现代、时尚，富有流线的美感，如 图 3-28 和图 3-29 所示。

在卡座区的墙面处理上选用了毛面暗绿色灰墙与柚木实木装饰压线搭配，使得墙面更加有层次感，同时在木栅格吊顶部分搭配蓝白条布幔，给人以别具一格的艺术感，如图 3-30 所示。大堂吧中间的散座均选用藤木休闲座椅，并设置圆形旋转音乐钢琴台，更能增加室内的艺术格调。

在商务中心设计上：室内风格继续延续大堂的室内格调；考虑到该空间的商用性，室内立面造型采用中轴对称布局，给人以严谨、大气之感；商务中心服务台和接待休息区在装修材质上选用了较大面积的镜面玻璃及米色丝绸软包装饰和艺术屏风、绿色艺术地毯等软装配饰，较好地营造出空间的现代、时尚、典雅的艺术氛围，如图 3-31~ 图 3-33所示。

图 3-28　大堂吧效果图（设计：康超）

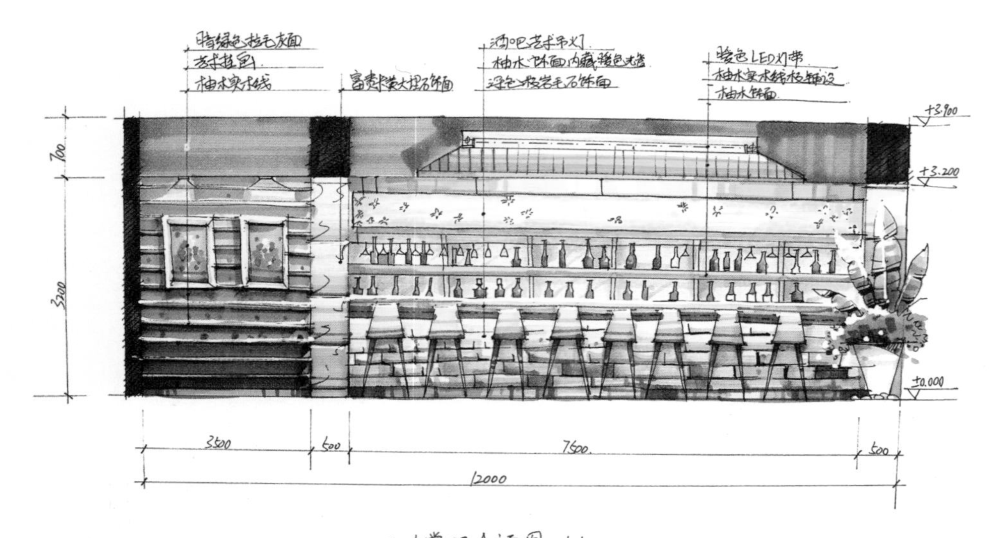

图 3-29 大堂吧 A 立面（设计：康超）

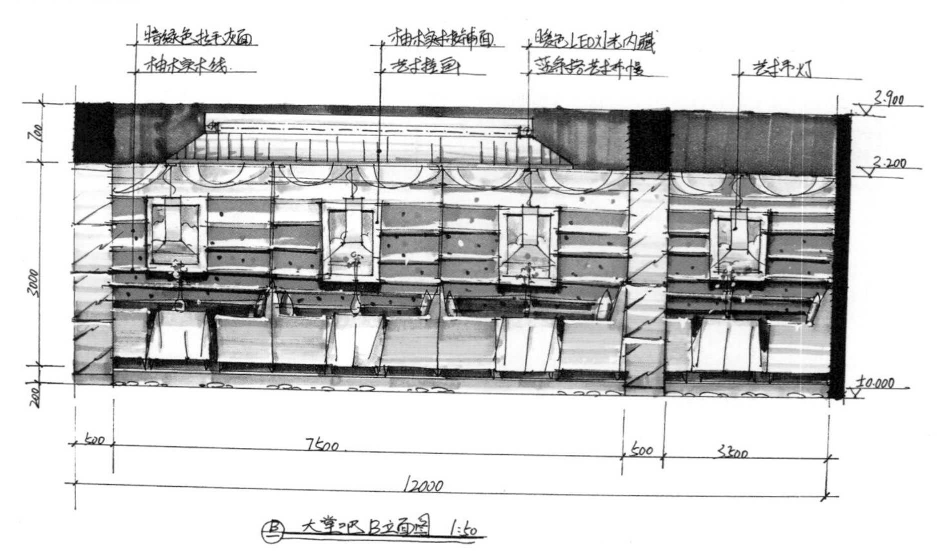

图 3-30 大堂吧 B 立面（设计：康超）

图 3-31　商务中心效果图（设计：康超）

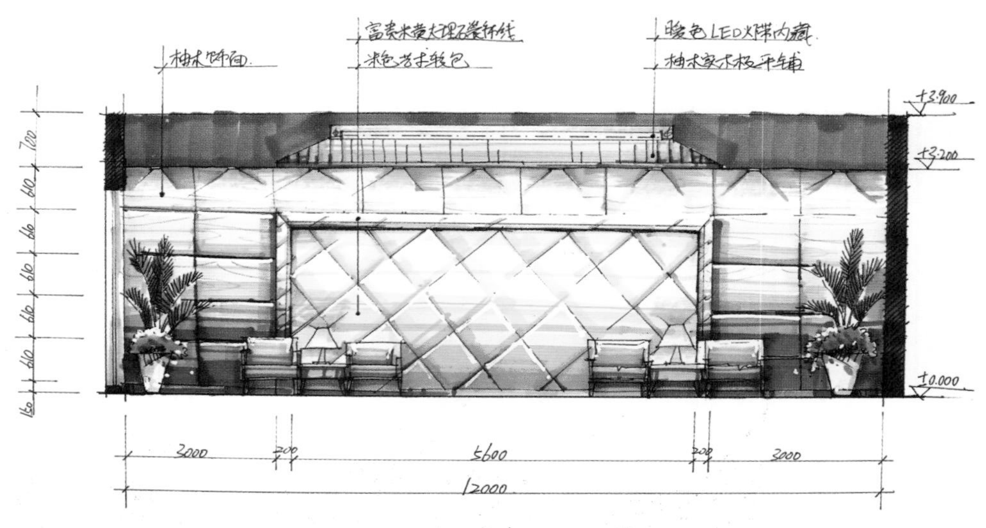

图 3-32 大堂商务中心 A 立面（设计：康超）

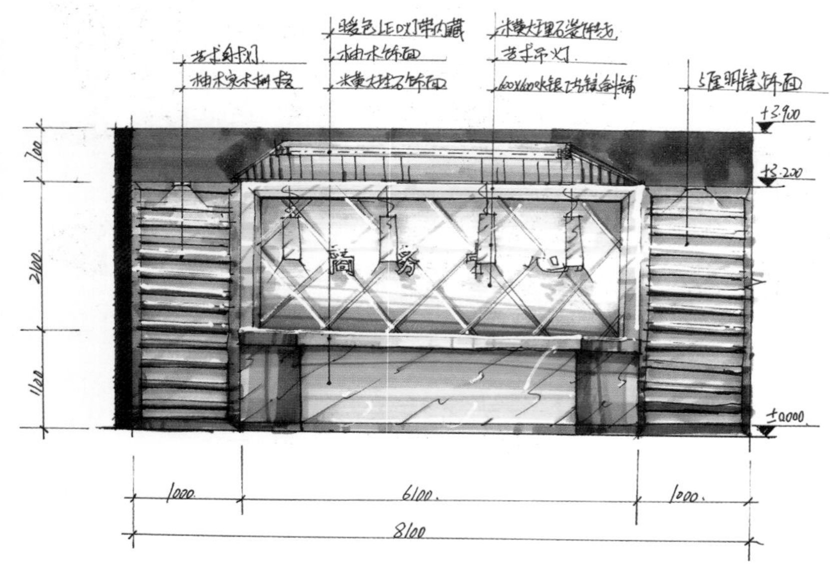

图 3-33 大堂商务中心 B 立面（设计：康超）

第二节　办公室、会议厅设计基本概念

做办公室室内设计时固然需要重视视觉环境的设计，但是不应局限于视觉环境，对室内声、光、热等物理环境，空气质量环境以及心理环境等因素也应极为重视，因为人们对室内环境是否舒适的感受，总是综合的。一个闷热、有噪声、背景很高的室内环境，即使看上去很漂亮，待在其间也很难给人愉悦的感受，因此，办公室空间设计包括室内空间环境、视觉环境、空气质量环境、声光热等物理环境、心理环境等许多方面。

现代办公室设计需要满足人们的物质、精神方面的要求，设计师在设计时必须要以“以人为本，为人服务，为确保人们的安全和身心健康，为满足人与环境、人际交往需要”作为设计的中心。方案设计及施工的过程中还会涉及材料、工艺、设备、经济、功能以及诸多方面的问题。可以认为现代办公室设计是一项综合性极强的系统工程，总之，就是为人创造一个理想的人际活动空间。

现代办公室室内设计的立意、构思、室内风格和环境氛围的创造，需要着眼于对环境整体的考虑。现代办公室室内设计的弊病之一是相互类同，很少有创新和个性，对环境整体缺乏必要的了解和研究，从而致使设计效果一般，设计构思局限、封闭，这其中，忽视对环境与室内设计关系的分析，也是重要的原因之一。

1. 办公室室内设计要点

办公室室内设计的平面布置应充分考虑办公空间的人机工程学和空间功能的有效融合。根据设备使用、声光方面的要求以及人在空间室内中的心理需求，普通办公室净高（指楼地面到天花底面的高度）不低于 2.6m，使用空调的办公室净高不低于 2.4m，智能化办公室的室内最低净高为甲级 3.7m、乙级 2.6m、丙级 2.5m。办公室室内界面处理宜简洁，着重营造空间的宁静气氛，并考虑到便于各种管线的铺设、更换、维护、连接等需求。隔断、屏风要选择适宜的高度，如需保证空间的连续性，可根据工作单元及办公组团的大小规模来进行了合理选择。办公室的室内色彩一般宜淡雅，各界面的材质选择应便于清洁并满足一些特殊的使用要求；办公室的照明一般采用人工照明和自然光照明的方式来满足工作的需求。不同的办公空间有着不同的照明要求，通常好的照明条件是既有大面积均匀柔和的背景光，又有局部点状的工作辅助照明的。同时需要综合考虑办公室的物理环境，如噪声控制、空气调节、遮阳隔热等。

2. 会议室室内设计要点

1）会议室显示设备分为两个部分，第一部分是主席台后的投影或背投电视，它负责为与会代表提供本会场和另一会场的图像显示；第二部分是主席台前的电视，它们分为两组，负责为主席台领导显示本会场图像和另一会场的图像。

2）图像采集设备也分为两组主摄像机，一组安装在会场中央实时采集主席台图像，另一组全景摄像机安装在会议室右前部对会场全景进行拍摄。两组摄像机均应为受控摄像机，可由会议电视设备进行控制。

3）扬声器在会议室的前后各一对，为了获得更好的声音效果，要求距墙壁和电视机至少 1m。

4）影响投影或背投电视画面质量的另一因素，是会场四周的景物和颜色，以及桌椅的色调。一般忌用“白色”“黑色”等色调，这两种颜色对人物摄像会产生“反光”及“夺光”的不良效应。所以无论墙壁四周还是桌椅，均应采用浅色色调，例如墙壁四周为米黄色、浅绿色，桌椅为浅咖啡色等。摄像背景不适合挂有山水等物，否则将增加摄像对象的信息量，不利于图像质量的提高，可以考虑在室内摆放花卉盆景等清雅物品增加会议室整体高雅、活泼、融洽的气氛，这对促进会议效果很有帮助。

5）会议室照度、灯光照度是会议室的基本必要条件。摄像机均有自动彩色均衡电路，能够提供真正自然的色彩，从窗户射入的光（色温约 5800K）比日光灯（色温约 3500K）或三基色灯（色温约 3200K）偏高，如室内有这两种光源（自然及人工光源），就会产生有蓝色投射和红色阴影区域的视频图像；另一方面是召开会议的时间是随机的，上午、下午的自然光源照度与色温均不一样。因此会议室应避免采用自然光源，而采用人工光源，所有窗户都应用深色窗帘遮挡。

6）整个会议室的音响效果。不同的会议室都有自己的最佳混响时间，合适的混响时间可以美化发言人的声音，并且能够掩盖噪声，从而使整个会议效果更好。会议大厅效果图如图 3-34 所示。

图 3-34　会议大厅效果图（作者：康超）

一、总经理办公室设计案例

◆方案设计要求

1）结合平面图的特征，要求功能布局合理，造型新颖。

2）体现当今社会经济条件下的特征，体现出简约风格。

3）注意空间的合理规划和交通流线。

4）设置工作学习、休息、接待等空间，考虑办公室的特点。

5）符合现代企业形象设计，经理办公室建筑平面图如图 3-35 所示。

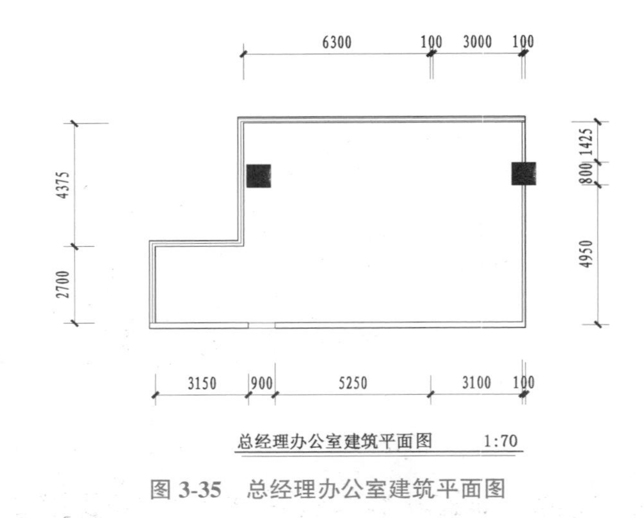

图 3-35　总经理办公室建筑平面图

◆方案设计分析

办公空间组织、分割和功能分区在现代办公空间设计中是一个重要环节，通常由会客区、休息区和办公区组成，会客区由沙发、茶几组成，办公区由书柜、办公台、客人椅等组成。经理办公室主要是突出稳重、大方、明快、简洁、功能合理、流露企业文化气息和个人品位等特点，地面主要铺舒心的浅色实木地板，而墙身采用浅色调，室内照明采用人工光和自然光相结合，根据个人喜好选择在适当的地方放置艺术品、装饰画、绿植等，可增加几分生机和文化品位。办公空间内要反映经理的一些个人爱好和品位，同时要能反映一些不同的企业文化特征。

总经理办公室一般设计特点如下。

1）总经理办公室相对独立且工作方便：独立空间，并安排在办公大楼的最高层或平面结构最深处，目的就是给管理人员创造一个安静、安全、少受打扰的环境，如图 3-36 和图 3-37 所示。

2）总经理办公室相对宽敞：在选择空间上除了考虑使用面积略大之外，可以采用整体式办公家具设计，目的是为了扩大视觉空间感，因为过于拥挤的环境会束缚人的思维，给人带来心理上的焦虑。

3）总经理办公室特色鲜明：企业领导的办公室要反映企业形象和企业实力，具有企业特色，例如墙面色彩采用企业标准色、办公桌上摆放国旗和企业旗帜以及企业标志、墙角安置企业吉祥物等。另外，办公室设计布置要追求高雅而非豪华，切勿给人留下俗气的印象。

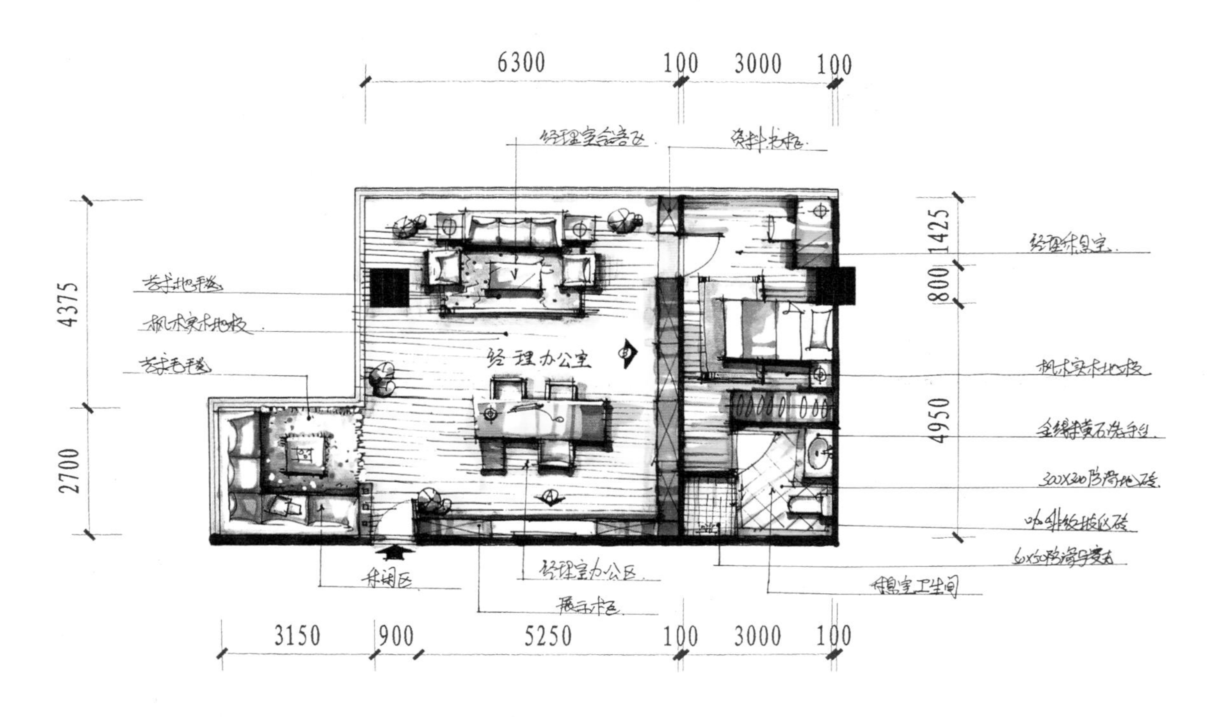

图 3-36　总经理办公室平面布局图（设计：康超）

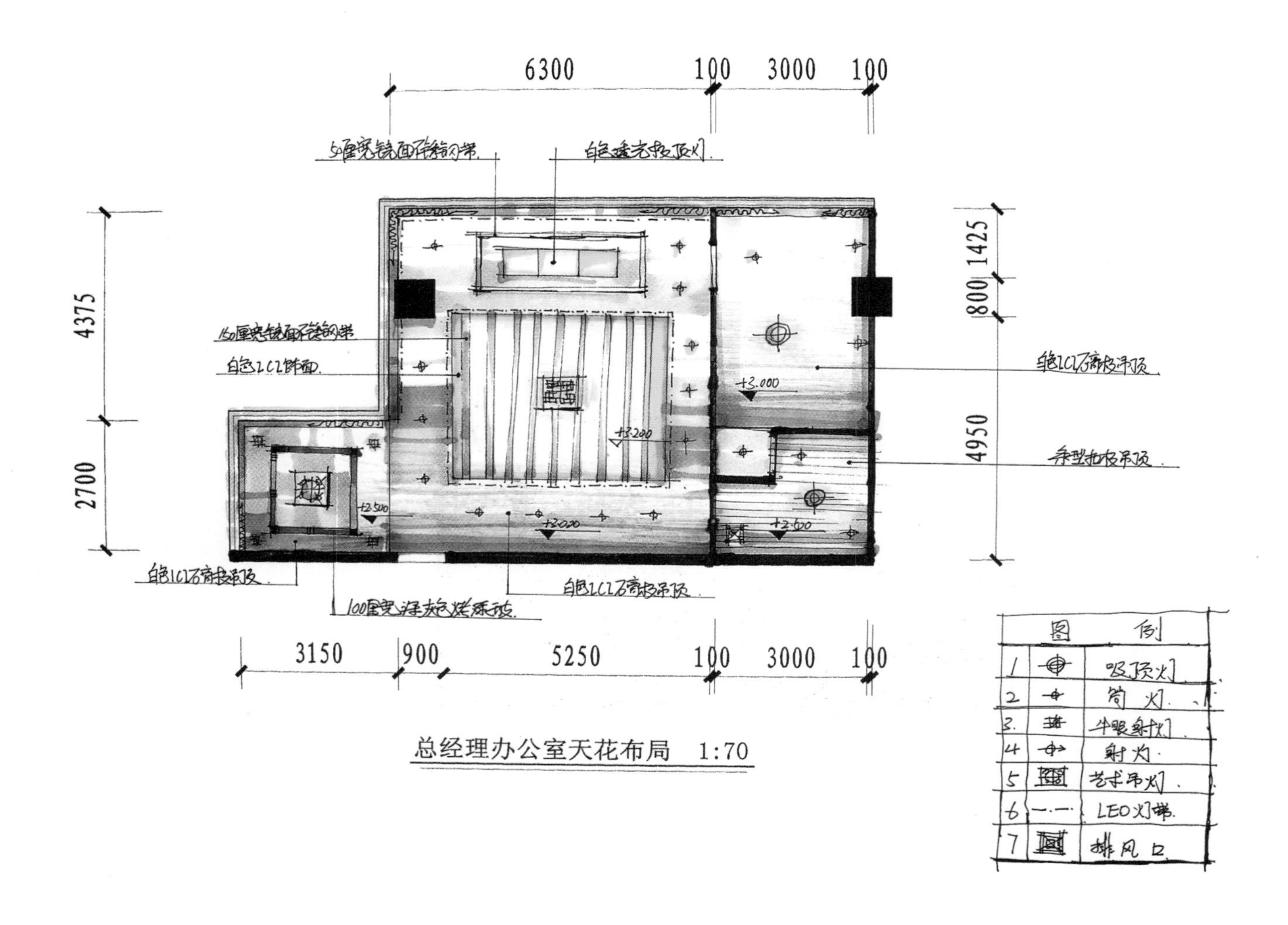

图 3-37 总经理办公室天花布局图（设计：康超）

◆方案设计说明

本案设计按照办公室空间设计要求，在使用功能上可以分为经理办公区、接待会客区、休闲区、经理休息室4个区域。在照明上采用全局照明，以辅助照明为主，目的是为了营造空间气氛，在满足平时办公需求的同时，也搭配了局部装饰照明，如：艺术吊灯、牛眼射灯等，并以主光源吸顶灯配合天棚灯达到视觉需求，如图3-38所示。

图3-38　总经理办公室透视效果图（设计：康超）

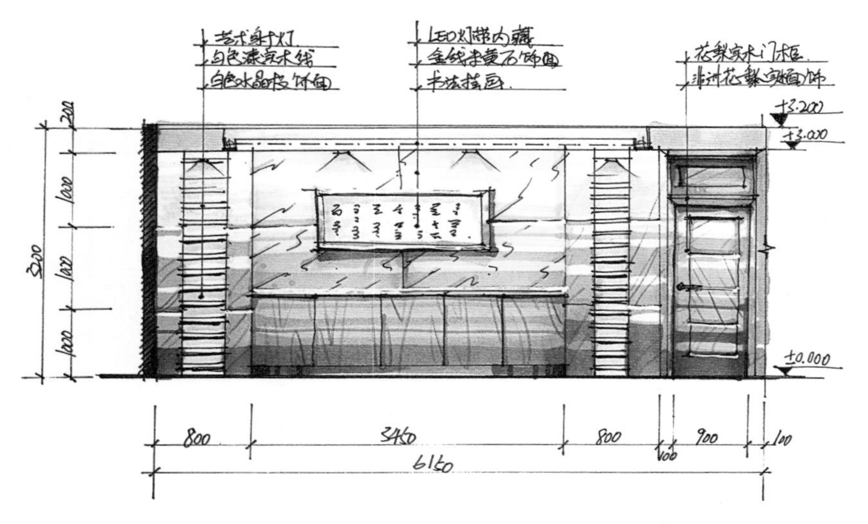

图 3-39 总经理办公室 A 立面图（设计：康超）

在本方案的总经理办公室空间设计中，并没有刻意追求新材料和很前卫的工艺应用，而是在主材选用上运用能给人稳重感的非洲花梨饰板和浅色枫木地板、艺术地毯、米色大理石、乳胶漆、石膏板吊顶天花、镜面不锈钢装饰线等，营造出简约、大气的室内装饰风格，充分地把材料特性与实用功能结合，如图 3-39 和图 3-40 所示。另外，设计时注意充分尊重人的生理本性，没有对空间做太大改变，注重追求个性与简洁的有效融合。

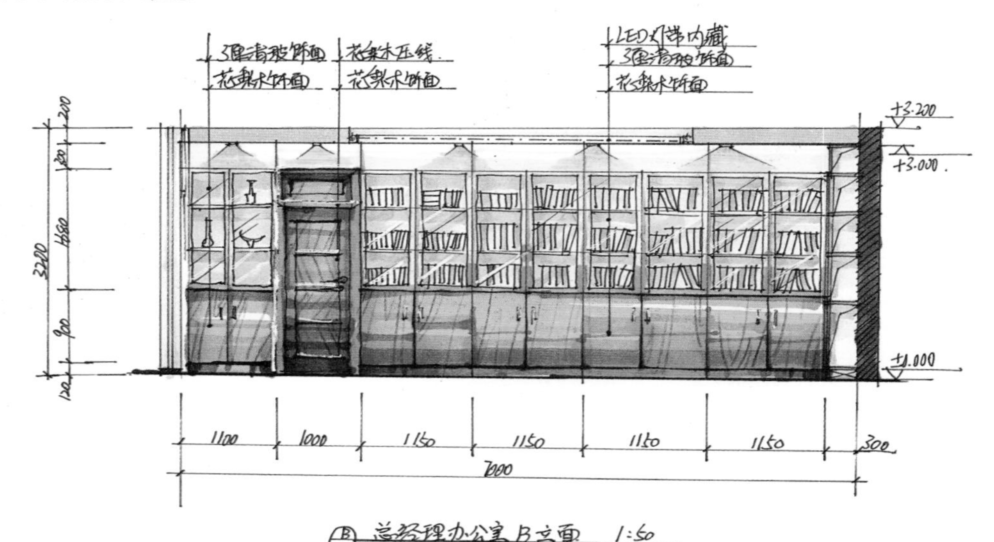

图 3-40 总经理办公室 B 立面图（设计：康超）

二、某法院多功能会议大厅方案设计

◆方案设计要求

1）设计风格现代、简约、大方，充分考虑多功能大厅的音响、光电功能要求。

2）设计应突出法院的特殊的社会形象。

3）主席区可以自由拓展，也可用于节目表演。

4）安排座位区及舞池，多功能会议大厅建筑平面图如图 3-41 所示。

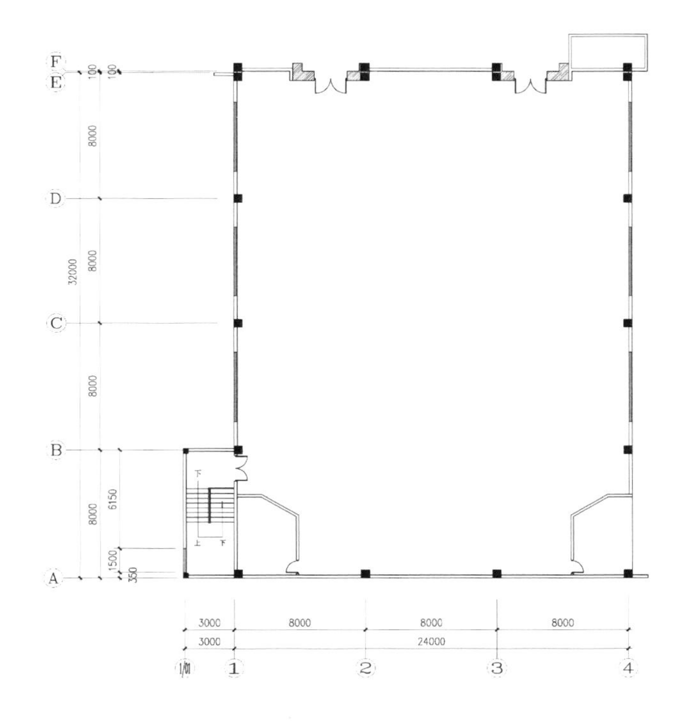

图 3-41　多功能会议大厅建筑平面图

◆方案设计分析

本案设计为法院的多功能会议大厅，考虑到容纳的人数较多，在人流交通上应注意主次干道分布，便于与会人员通行、集散等。在大的功能分布上应考虑设有主席区、席位区、茶水室、卫生间（注：本案卫生间在大厅外可考虑不设）、休息区、舞池、化妆室、音控室等，如图 3-42 和图 3-43 所示。布局应合理，席位区应该占大部分空间面积，其次为主席区，另外交通路线也要适当设置。考虑到该大厅与会人员较多，所以在材质选用上应选择特殊的吸音材质以及硬度较高的地面材质。由于法院的特殊性质，在选材色彩搭配上应以沉稳的中亮色调为主，突出理性、公正的理念。

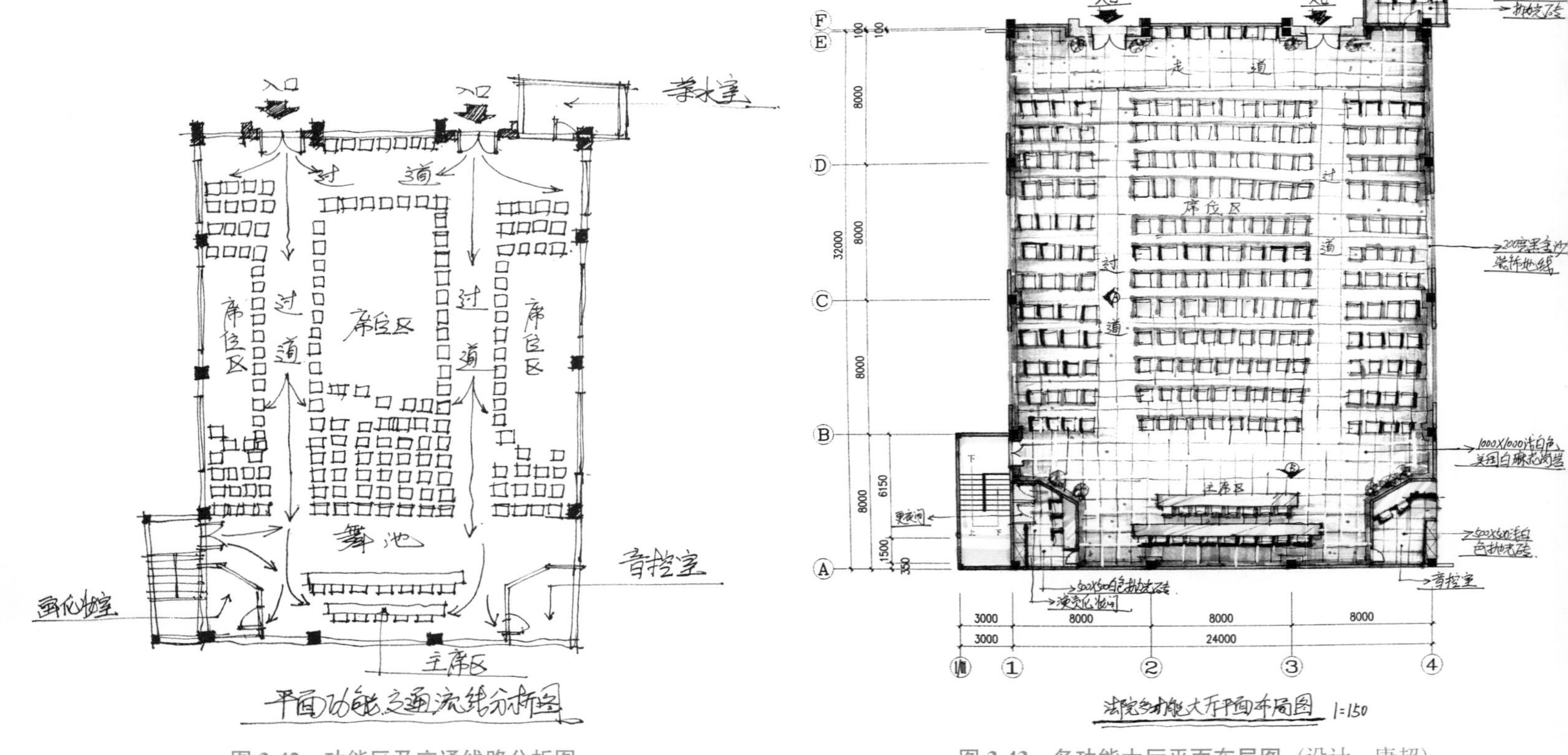

图 3-42　功能区及交通线路分析图

图 3-43　多功能大厅平面布局图（设计：康超）

◆方案设计说明

本案为一法院多功能会议大厅，在功能上除开会外，还具备娱乐功能，因此在设计风格上一改法院法庭往日过于严肃的形象，在立面造型上多采用简洁的几何造型和轻快的流线型天花造型，如图 3-44~ 图 3-46 所示。主席区设有活动性主席位，可以根据现场需要进行摆放，也可以作为临时舞台，同时在主席区两侧设有化妆室和音控室，便于工作人员操控和演员化妆，提高了空间利用效率。席位区也采用活动座椅布局的形式，可以根据活动内容的需要进行摆设，也可作为临时舞池用。另外大厅的空间面积较大，所以在墙面装饰材料上选用浅灰色吸音板，保证了较好的音质效果。地面选用硬度较高的白麻抛光花岗岩材质，满足地面耐磨的特性。本空间在整体色彩上以中亮色调为主，以体现法院的公平、公正、光明的形象，如图 3-47 和图 3-48 所示。

图 **3-44** 多功能大厅方案一（设计：康超）

图 3-45　多功能大厅方案二（设计：康超）

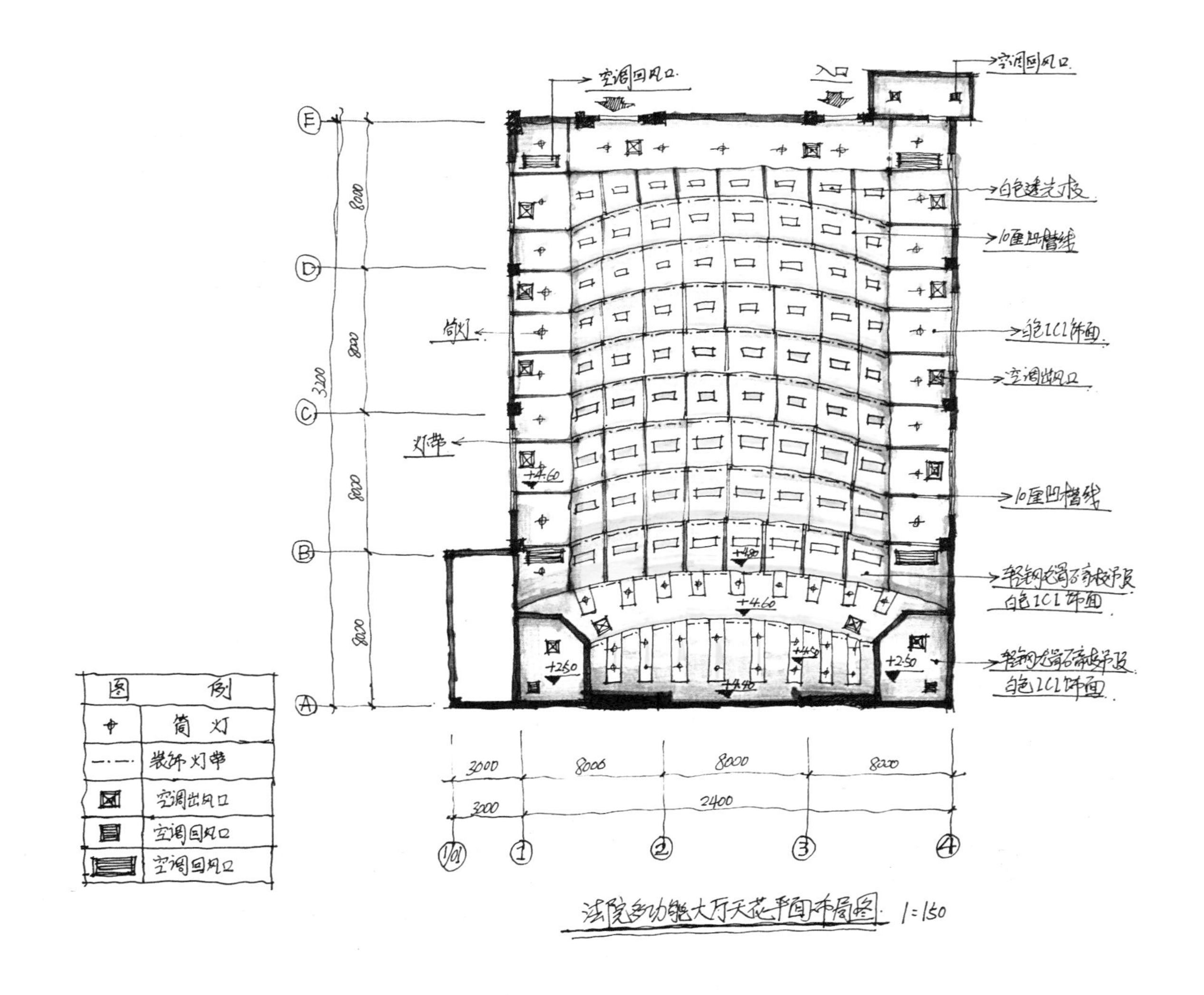

图 3-46　多功能大厅天花布局图（设计：康超）

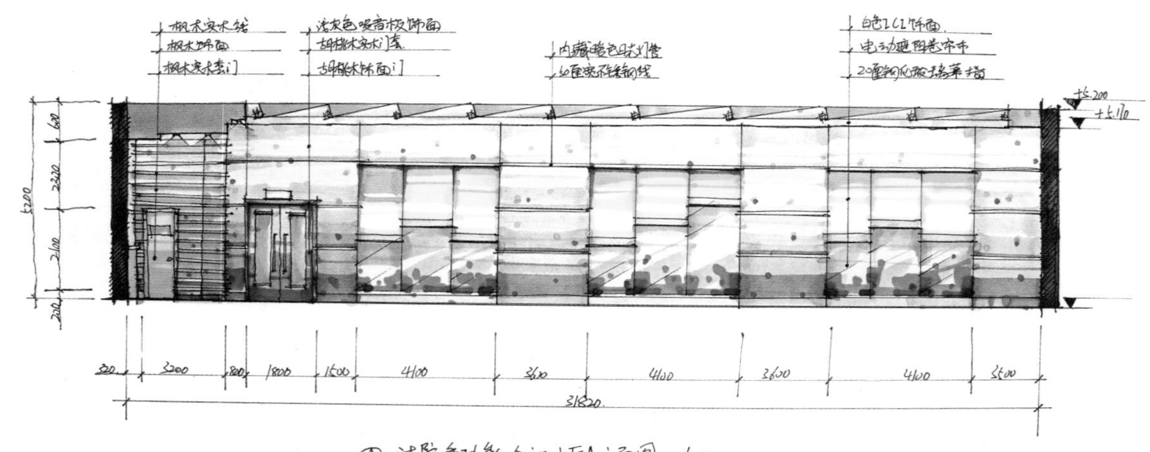

图 3-47　多功能大厅 A 立面图（设计：康超）

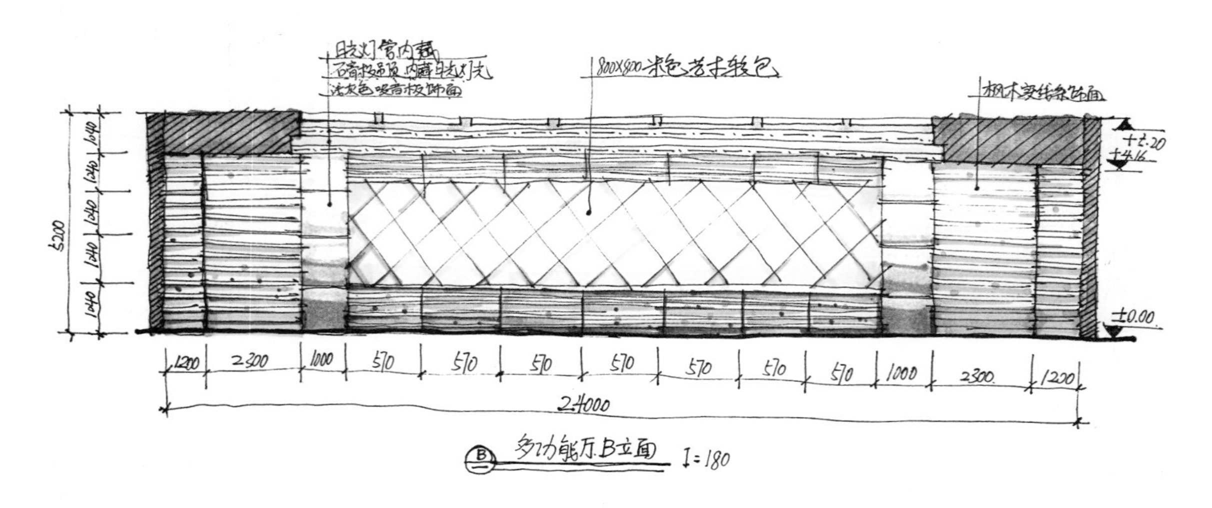

图 3-48　多功能大厅 B 立面图（设计：康超）

第三节　餐饮空间设计基本概念

餐饮空间是人们日常生活中比较重要的就餐场所，也是公共空间的一种类型。餐饮行业中，餐厅的形式是很重要的，因为餐厅的形式不仅体现餐厅的规模、艺术格调，而且还体现餐厅的经营与服务特色。

传统餐饮空间主要包括：宴会厅、快餐厅、中日式餐厅、西餐厅等；以休闲交流类为主的餐饮空间包括：茶吧、咖啡厅、休闲吧等。

这些空间在平面功能布局上均有相似的地方：基本上可以划分为门厅、服务前台、收银台、主席位区、散座区、卡座区、包间、酒吧（水吧）、厨房、仓库、洗手间等。在总的面积分配上，席位区占较大面积，其次是包间区、酒吧区等其他辅助空间。另外，在做功能布局时一定要根据客流的集散、流向适当留出交通路线，一般通道设计尺寸以900~1200mm为宜。设计风格常以现代风格、中式风格和西式风格为主，环境色彩选用上应以浅色、温馨淡雅的暖色调为主，可以较好的愉悦心情，促进人们的食欲。

在设计上应把握好几个重点：

1）门厅部分。门厅在室外或者在酒店的中庭部分，一些较为高档的餐饮空间往往在门厅处会设计比较精致的景观小品，如小桥流水、观赏性的植物花卉、雕塑等，这样可以增加空间的诗情画意，使人们有一种想走进去的感觉。

2）吧台部分。吧台是餐饮空间最为主要的核心地带，也是餐厅内部装修部分最为精彩和最具特色的部分，因此除安排造型新颖时尚的吧台外，还要在吊顶部分加装石材、玻璃类艺术吊灯或艺术布纱幔类的照明灯具，且与吧台形成上下呼应式，以增加空间的看点。

3）席位部分。席位部分是餐饮空间的设计重点所在，也是主要的营业区，它的布局一定要有条理性，除在家具选用上要符合室内装修风格和精致外，在软装饰上也要搭配得当并与餐桌椅组合形成较好的互配装饰。

地面部分的装修可选用豪华有档次的地毯、大理石等，另外也可采用仿古砖、玻化砖等；在顶棚材质的选用上最好不要用太多材料，一般以浅净色为主，可选用涂料类、实木类和金属类材质；墙面材质可以选用较为豪华舒适的艺术皮草、布艺类软包、水银工艺拼镜、砖石类和灰浆类材料，如图3-49所示。

图 3-49　咖啡厅效果图（作者：陈丽思）

一、日式料理店方案设计

◆方案设计要求

1）结合平面图的特征进行设计，布局合理。

2）体现日本料理行业的特征以及日本民族风格。

3）注意餐饮空间的交通流线。

4）设置包厢、席位、水吧等设施，可以不考虑卫生间。

5）需有枯山水及水景观掺入设计，日式料理店建筑平面图如图 3-50 所示。

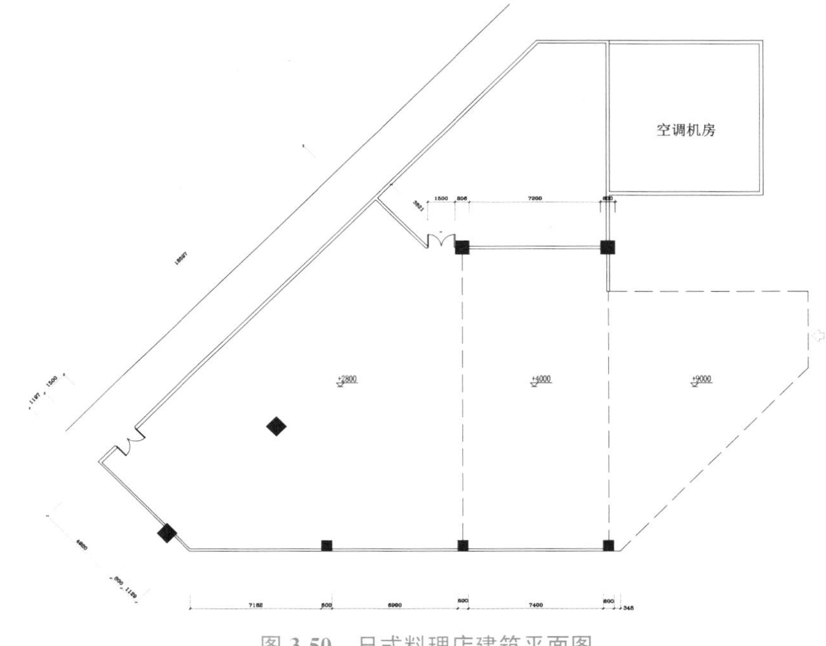

图 3-50　日式料理店建筑平面图

◆方案设计分析

本方案为一日式料理店，室内空间面积较大，在设计布局时应考虑好交通流线以便于人们集散，并根据交通路线布置料理烧烤吧、收银台、水吧、席位散座区，包间应分布在建筑的外延部分，室内重要景观应布置在料理店的入口部位，便于营造艺术氛围，吸引消费者，如图 3–51 所示。另在搭配适当的散置景观，在设计风格上应吻合日式装修风格，环境色调以暖色为主并搭配咖啡色。

材质选用上考虑到餐厅的需要，应以日式风格的暖色木质材料、实木栅格、毛面石材、深色古典砖等为主并适当搭配光面石材、瓷砖等，营造出日本民族的特有艺术气息。

◆方案设计说明

本方案为日式料理店设计，在艺术风格上采用和式设计，反映具有日本民族风格的装饰特点，如图 3-52 所示。装饰材质多采用具有东亚特色的暖色木材质、毛面天然石材等，适当搭配暖色光面的石材、仿古转等；在空间布局上安排有日本料理店特色的烧烤吧、席位区、水吧、收银台、休息区、散座区、景观区及包间等，如图 3-53 和图 3-54 所示。本空间的布局是以烧烤吧为中心展开对空间的布局，以体现日式料理店的主要功能——以休闲就餐、交流为主，同时注重空间的交通流线和人流集散，做到疏密得当，合理利用每一块空间，如图 3-55~ 图 3-57 所示。

在空间的出入口设置庭院灌木、真实水景、石拱桥和枯山水等装饰元素来营造具有东方特色的和式风格，同时在空间内部局部设置樱花树、白色卵石来增加其室内的艺术气息，使人们在享用美食的同时能感受到别具一格的异国风情。

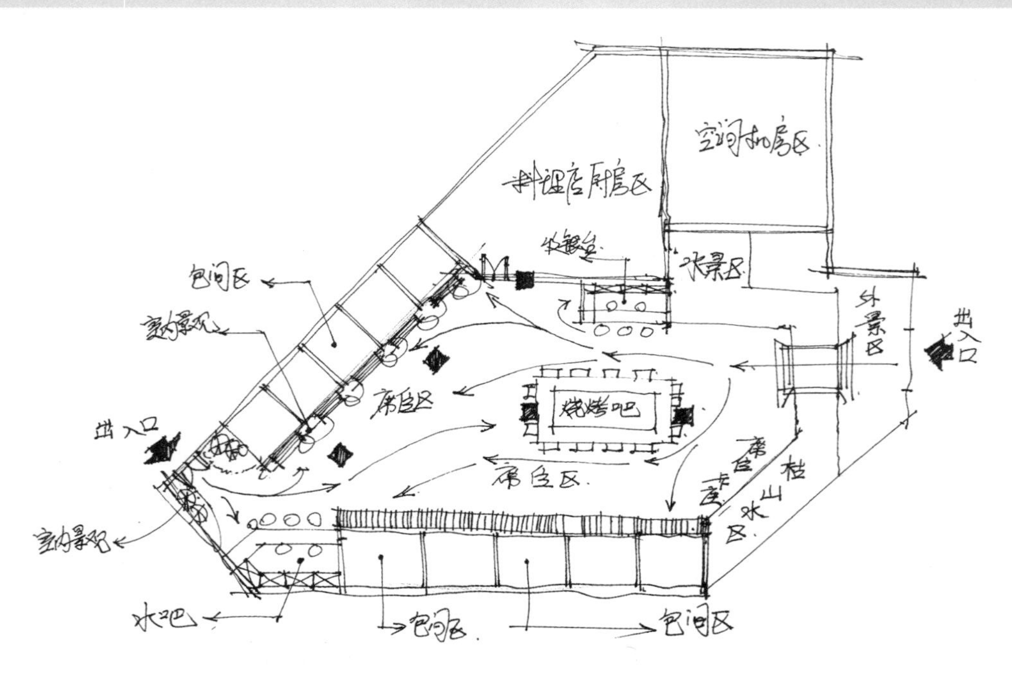

图 3-51 日式料理店平面功能分布及交通流线图

图 3-52　日式料理店室内透视效果图一（设计：康超）

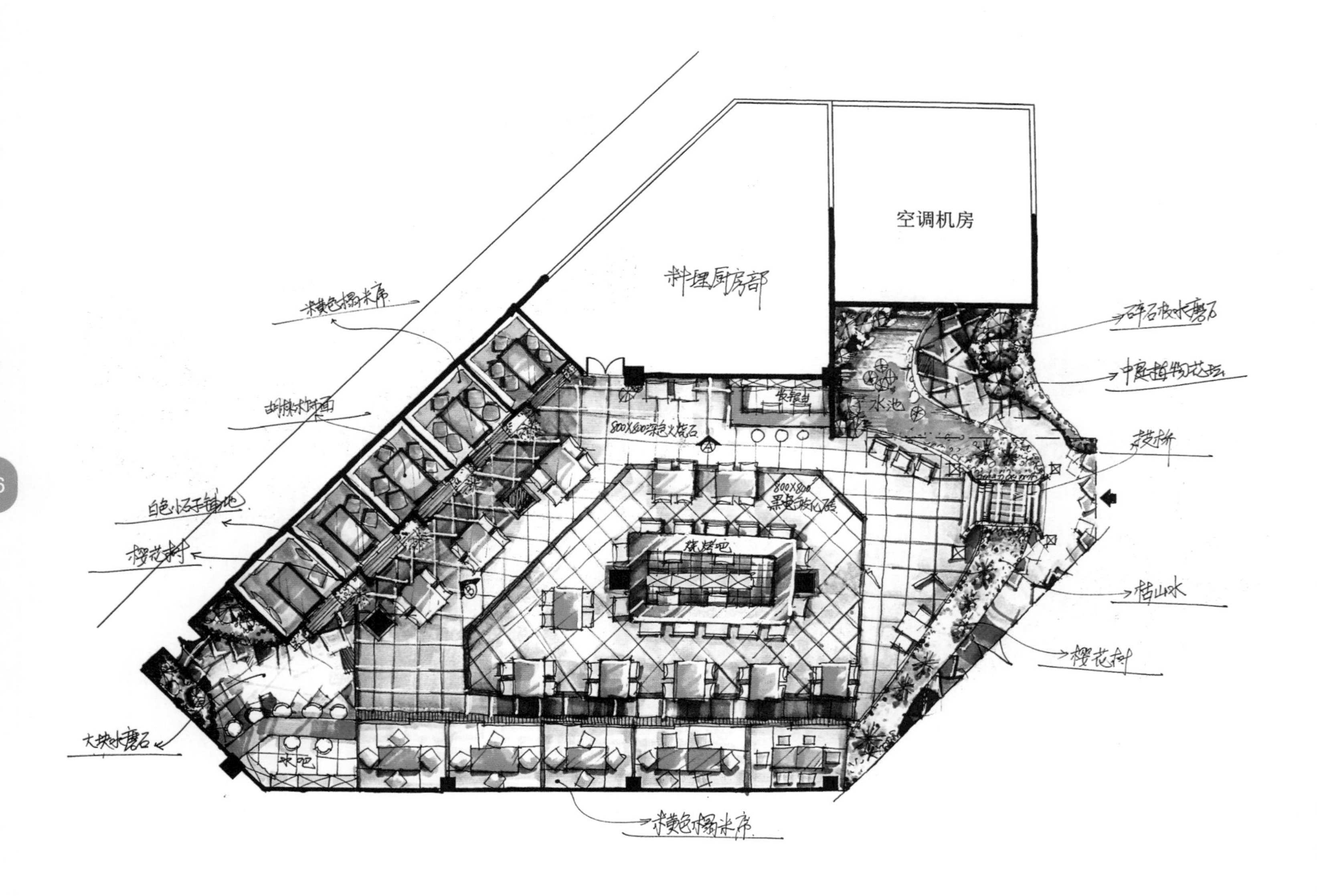

图 3-53 日式料理店平面布局图（设计：康超）

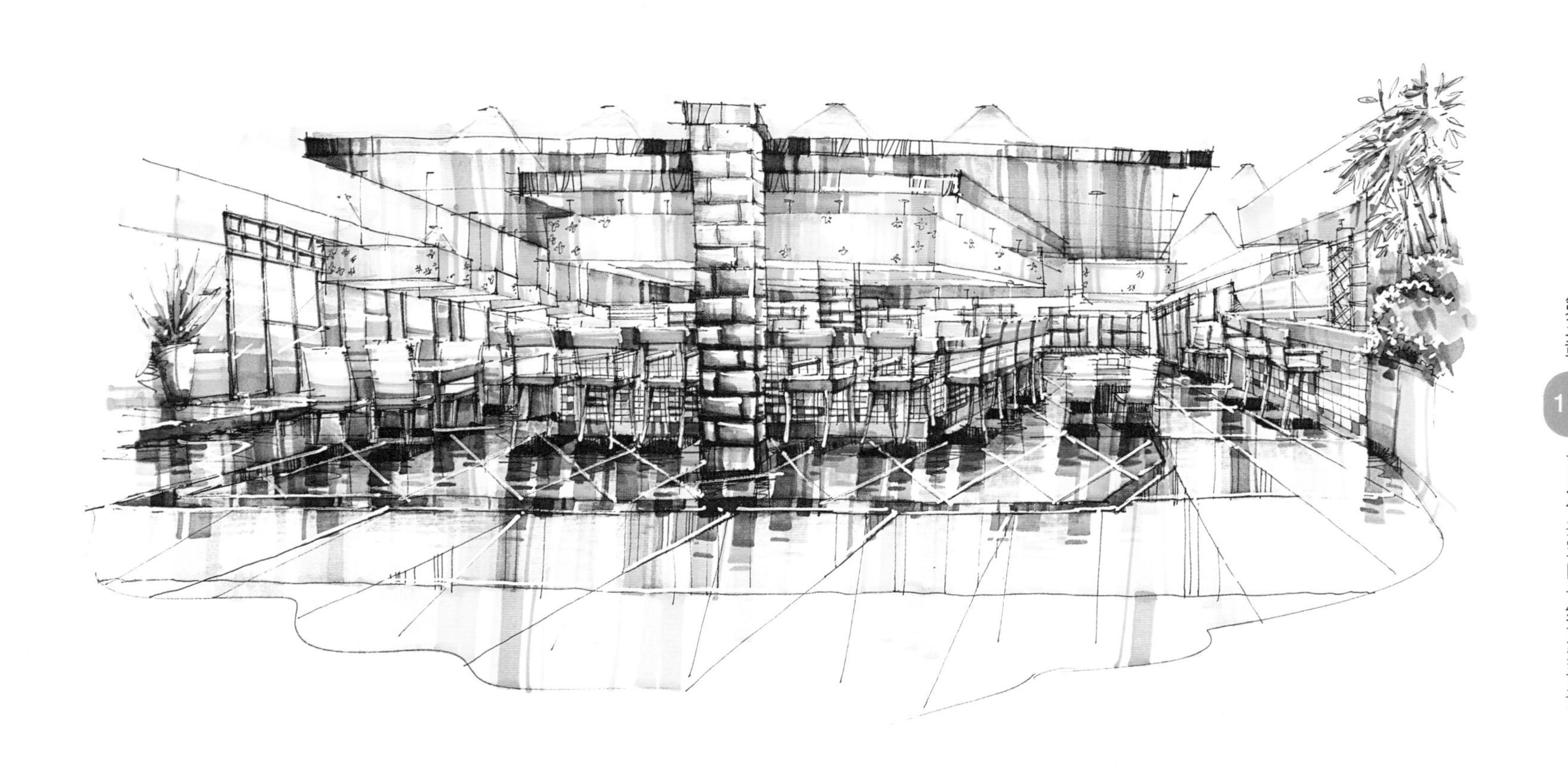

图 3-54　日式料理店室内透视效果图二（设计：康超）

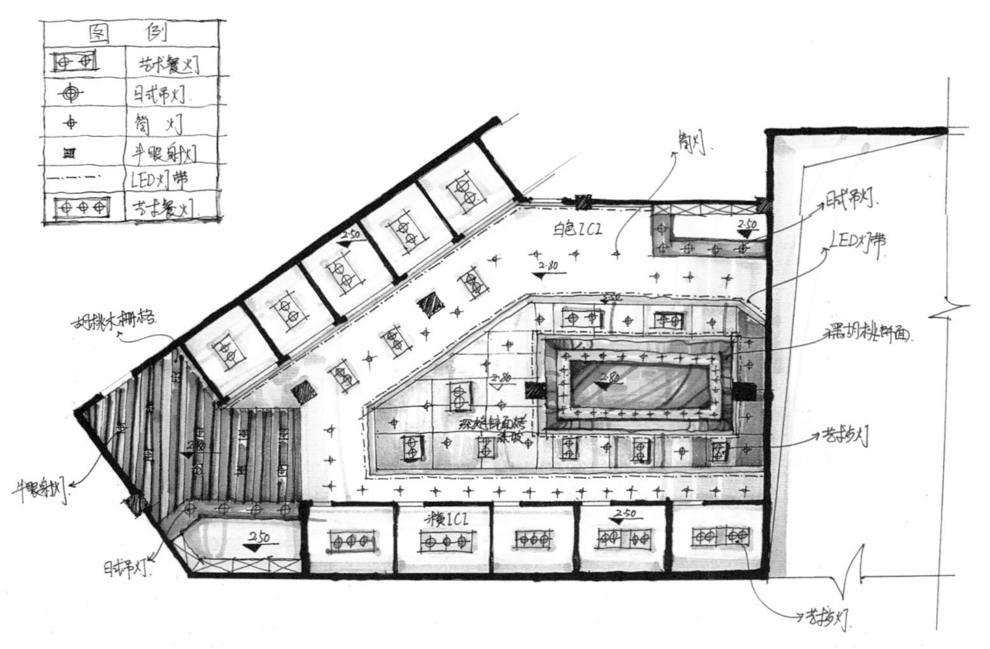

图 3-55　日式料理店天花布局图（设计：康超）

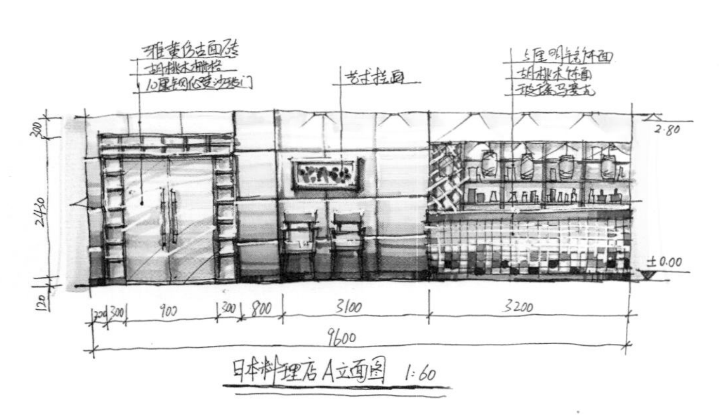

图 3-56　日式料理店 A 立面图（设计：康超）

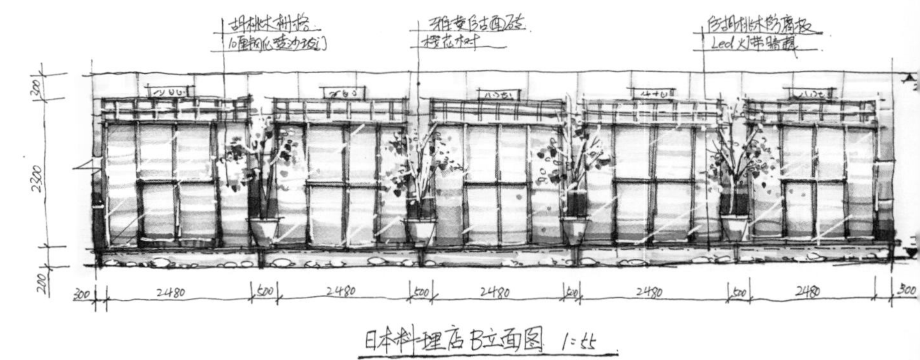

图 3-57　日式料理店 B 立面图（设计：康超）

二、咖啡厅方案设计

（设计：吴世铿 指导老师：康 超）

◆方案设计要求

1）本案为一临街咖啡厅设计，在营业区根据实际情况需要安排席位区、散座区、卡座区、吧台区、后台区、蛋糕柜、收银台等。

2）在后台区需安排共用洗手间、厨房。

3）本咖啡厅主要消费者为年轻人，要求设计风格现代前卫、时尚美观，并符合咖啡厅室内设计要求，咖啡厅建筑平面图如图 3-58 所示。

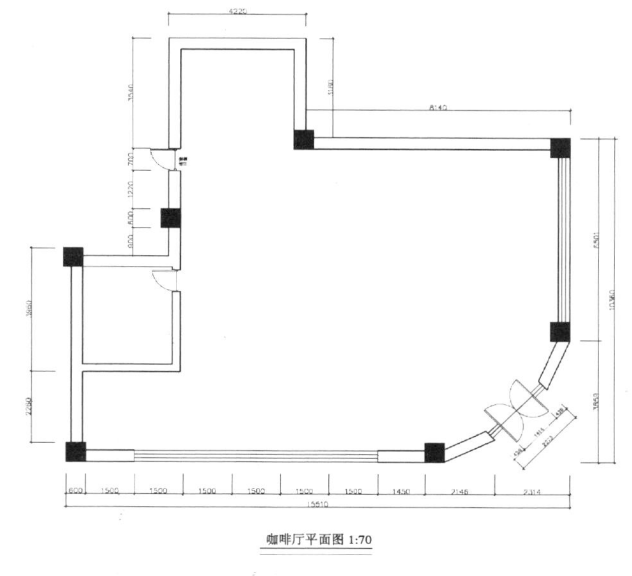

图 3-58 咖啡厅建筑平面图

◆方案设计分析

本案在设计上应遵循咖啡厅的基本功能需求，在平面布局上应安排席位区、卡座区、吧台区、洗手间、厨房等区域，规划这些区域时应考虑人流交通集散，做到主次分明。应把临街的玻璃幕墙的位置设计为雅座区或卡座区，使相对固定的区域分布在空间的周边位置，席位区布局应围绕中心区吧台进行摆放，便于功能布局的整体安排。在设计风格上应采用现代简约式风格，色彩明快、造型简洁，符合年轻人的审美。在材质选用上应选用一些较为现代、高科技感的材料，如钢化玻璃、不锈钢材质、抛光砖、玻化地砖、合金材质等。在灯光照明上应结合适当的自然光，并搭配艺术射灯、暗藏 LED 照明等光照设备，营造出白天、晚上不同的光照艺术效果。

◆方案设计说明

本咖啡厅在平面功能布局上遵循实用、美观的原则，考虑到本咖啡厅临街，则需把采光及城市商业景观最好的临窗空间设置为卡座区，不管从店内或店外看都会有较好的观赏性及商业宣传作用。以吧台休闲区作为中心区，以此来分布席位区，使空间在平面布局上主次分明，如图 3-59 和图 3-60 所示。

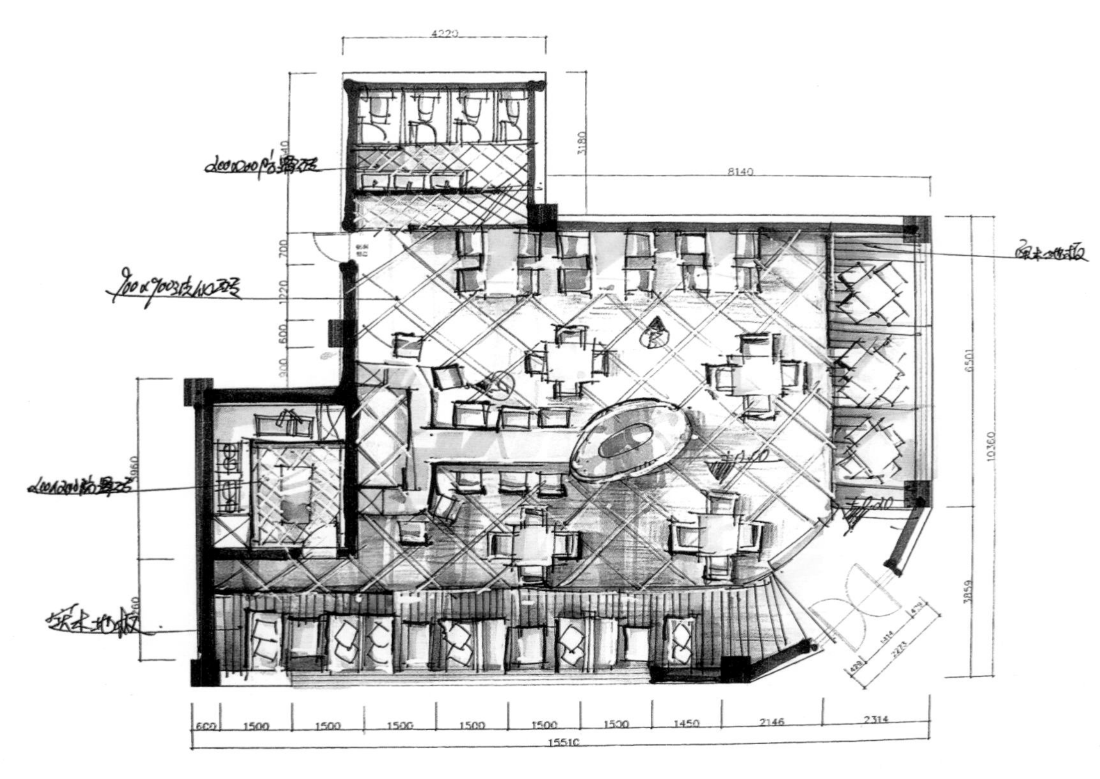

图 3-59　咖啡厅平面布局图（设计：吴世铿）

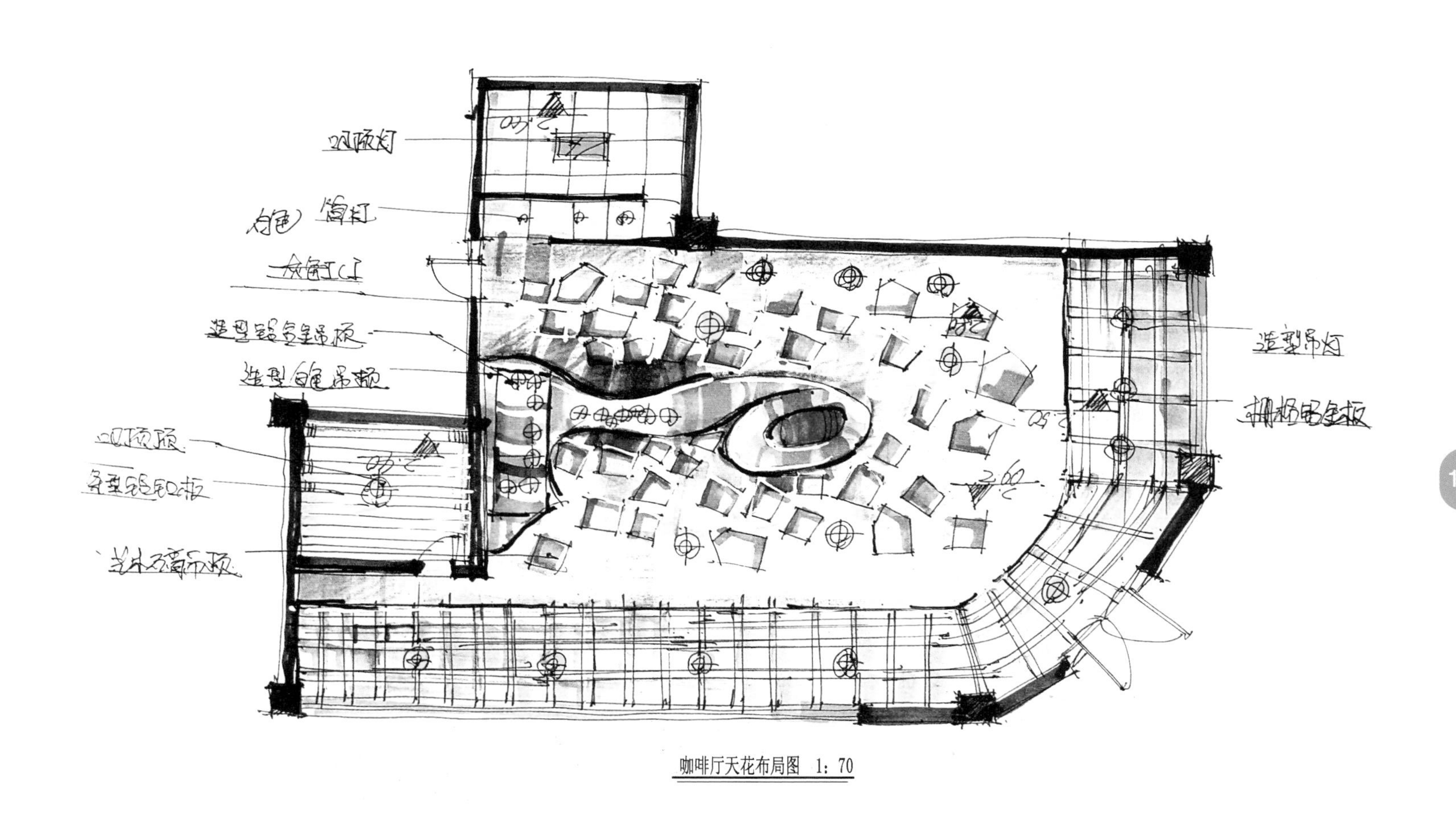

图 3-60 咖啡厅天花布局图（设计：吴世铿）

在设计风格上采用了迎合年轻人比较喜欢的现代主义风格——高技派，通过立体构成的形式来构建空间界面的装饰，尤其是T型吧台与中心地带的镂空柱造型形成较好的呼应，易形成视觉中心，同时吧台布局打破了传统吧台的布局形式，增加了人与人之间的交流及互动性；装饰柱造型的创意来源于“鸟巢”，采用有机形构成框架结构，同时在顶棚上搭配与“水立方”相似的结构，使之上下形成很好的呼应，整体视觉上给人高科技的技术美，同时在照明上搭配LED天棚灯光效和现代的艺术吊灯，使得空间照明层次丰富多样，如图3-61所示。在材质选用上主要以亮度较高的乳胶漆涂料、玻化砖、艺术马赛克为主，局部空间界面适当搭配毛面石材、实木地板，给人一种明快感和自然休闲感，如图3-62和图3-63所示。

图3-61　咖啡厅效果图（设计：吴世铿）

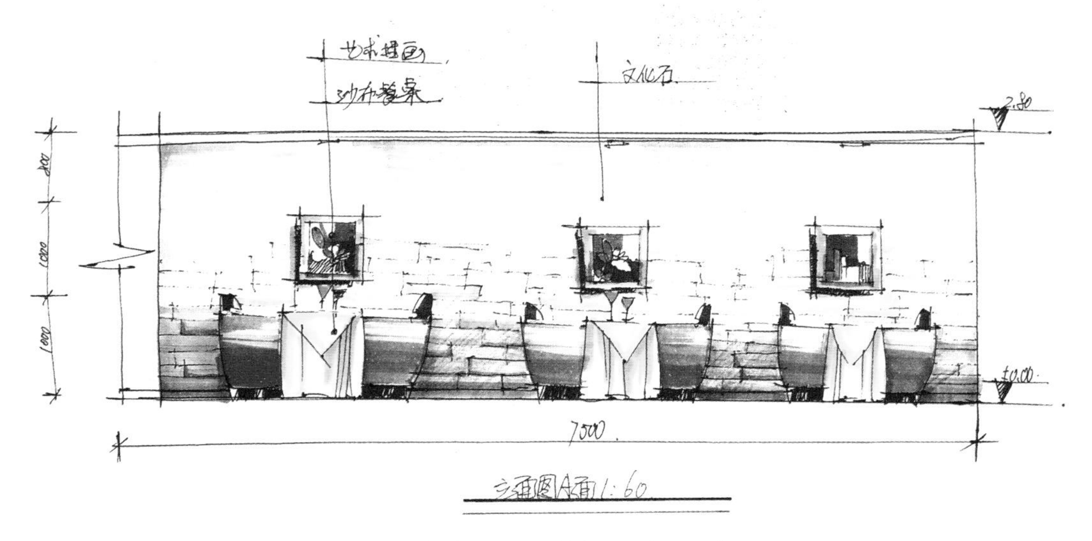

图 3-62　咖啡厅 A 立面图（设计：吴世铿）

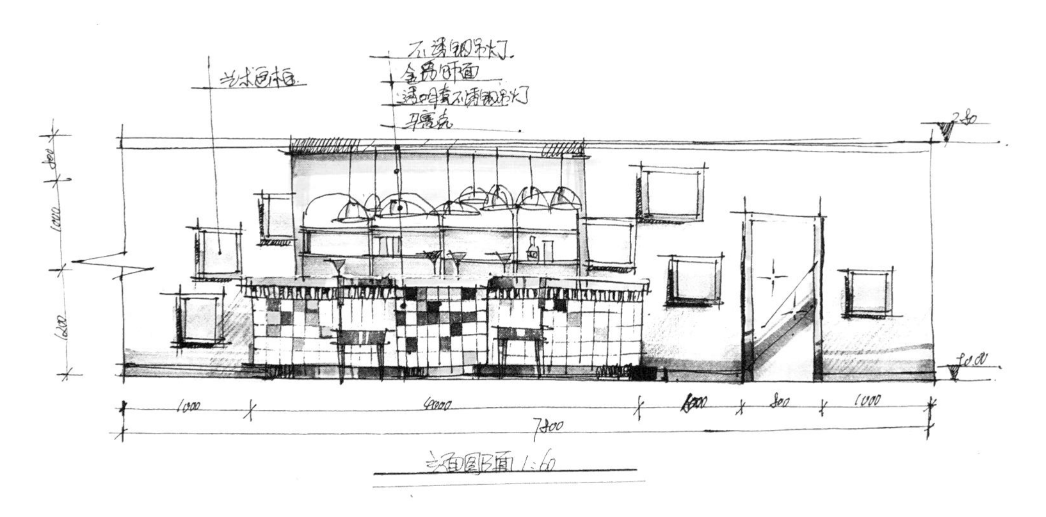

图 3-63　咖啡厅 B 立面图（设计：吴世铿）

第四章 展示空间方案设计

第一节　展示设计基本概念

展示设计是指所有展览和陈列的视觉艺术设计，它是通过对空间进行合理的规划并向人们传达一定的视觉信号，从而达到了解或认同事物的一种视觉传达艺术的表现形式。因而展示设计有类似于广告设计的特点，同时也兼备了室内装饰设计的特点。因此也可以形象地说：展示设计是“立体的广告设计”。

展示设计从范围上可以大到博览会、博物馆、美术馆，亦可以是商场、卖场、临时庆典会场，小到橱窗及展示柜台（样品柜）。就展示设计所处理的内容而言，主要是展示物的规划、展示主题的发展、展示道具、灯光照明、展示说明图标指示及附属空间（如大型展示空间就应包括储藏空间、消毒空间、厕所、茶水间、休息室等）；同时也包括了各类商场、商店、饭店和宾馆等商业销售空间和服务空间的室内外环境规划、美化等设计工作；还包括室内商品陈列和各类附属促销品的陈列设计工作，最终起到提供大众销售、展示商品及其功能、促进消费和引领消费及生活方式的作用。所以，在室内装饰设计业务范畴与展示设计相联系的领域主要包括商场卖场专柜设计、品牌专卖店设计、历史文化展览馆等。

一、卖场陈列空间设计

卖场一般指的是商场专柜、超市陈列、专卖店等。为了更简洁、实用，通常根据营销管理的流程进行划分。一般可以将它划分为三个部分：导入部分、营业部分和服务部分。

1. 导入部分

导入部分位于卖场的最前端，是卖场中最先接触顾客的部分。它的功能是在第一时间告知顾客卖场产品的品牌特色、透露卖场的营销信息，以达到吸引顾客进入卖场的目的。

导入部分包括店头、橱窗、POP 看板、流水台、出入口等元素。

2. 营业部分

如果将导入部分比作一出戏的序曲，是卖场整个营销活动的铺垫，那么营业部分是直接进行产品销售活动的地方，也是卖场中的核心。营业部分在卖场中所占的比例最大，涉及的内容也最多。营业部分规划的成败，直接影响到产品的销售。

营业部分主要由各种展示器具组成。不同种类的服装品牌根据自己的品牌特色和服装特点，会配备一些不同的展示器具。用框架组成的通常称为架，两侧封闭的通常称为柜；通常高度在 200~250cm 的展示架器具称为高架（柜），高度在 150cm 以下的展示器具称为矮架（柜）；摆放在卖场靠墙位置的展示器具称为边架（柜），摆放在卖场中间的展示器具称为中岛架（柜）；用于陈列装饰品的柜子称为饰品柜，服装专卖店平面布局如图 4-1 所示。

3. 服务部分

服务部分是为了更好地辅助卖场的销售活动，使顾客能更好地享受品牌的超值服务，主要包括试衣区、收银台、仓库等部分。在市场竞争越来越激烈的今天，为顾客提供更好的服务，已成为许多品牌的追求。

（1）试衣区　试衣区是供顾客试衣、更衣的区域。试衣区包括封闭式的试衣室和设在货架间的试衣镜。从顾客在整个卖场的购买行为来看，试衣区是顾客决定是否购买服装的最后一个环节。

（2）收银台　收银台是顾客付款结算的地方。从卖场的营销流程上看，它是顾客在卖场中购买活动的终点。但从品牌的服务角度来看，它又是培养顾客忠诚度的起点。收银台既是收款处也是一个卖场的指挥中心，通常也是店长和主管在卖场中的工作位置。

（3）仓库　在卖场中附设仓库，可以在最短的时间内完成卖场的补货工作。仓库的设置主要由每日卖场中的补货状态以及面积是否充裕而定。

卖场陈列空间设计还包括卖场通道的规划。

1）东方人平均身宽为 60cm，为了方便顾客通行，卖场中的主通道宽度通常以两个人正面交错走过的宽度而定，一般为 120cm 以上，最窄不能小于 90cm。仅员工可通过的通道至少要 40cm。收银台一般应保持 180cm 的宽度。

2）卖场通道类型：直线形通道、环形通道、自由型通道。

3）入口设计：商场内部主通道的入口最好直通顾客流动的方向，如电梯的出口，并陈列具有魅力和卖点的商品，以吸引更多顾客。

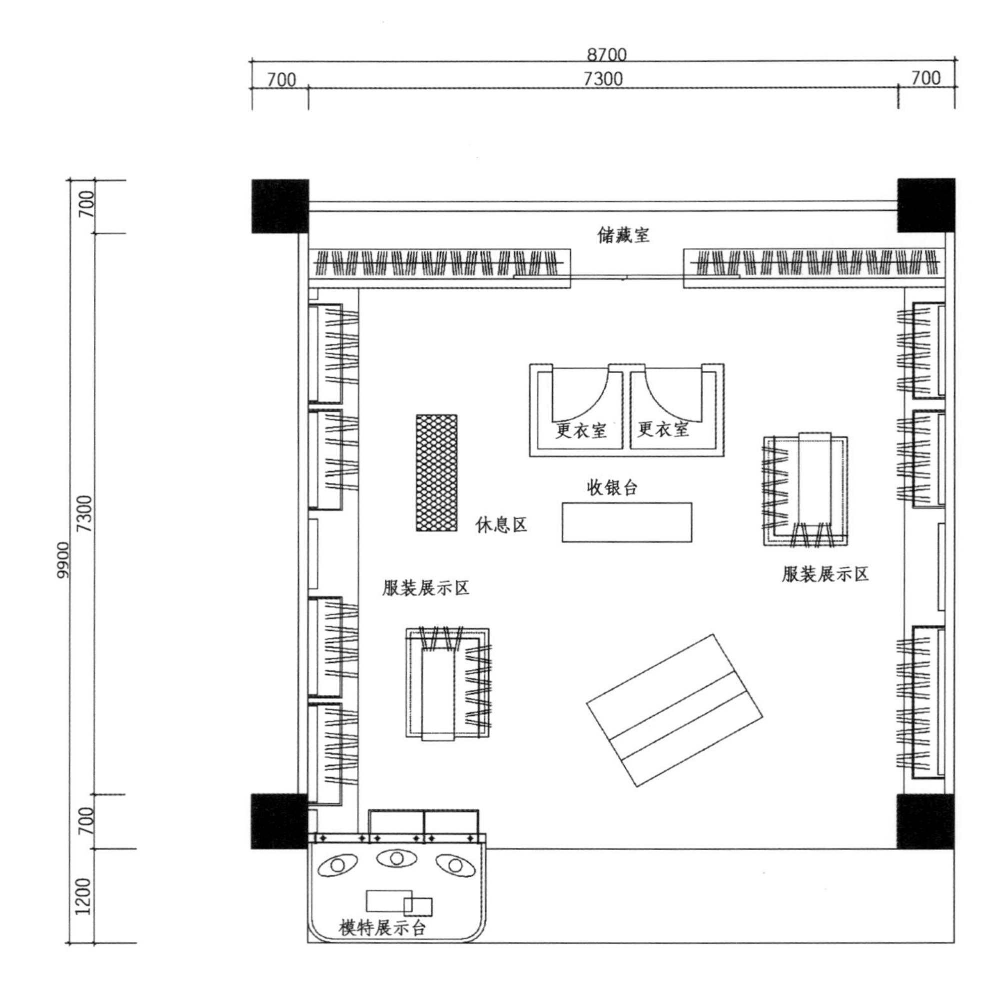

图 4-1　服装专卖店平面布局图

卖场陈列空间设计中卖场货架及道具的排列要整齐有序，可以有适当的变化，可有高低起伏感。高架尽量沿墙放置，充分利用卖场空间。饰品柜可以分布在试衣室或收银台附近，以便管理并增加二次消费。货架之间要形成一定的关联，包括相邻的货架以及高、矮架之间的组合，使后期陈列时便于形成一个系列销售区。

二、文化展览空间设计

文化展览空间主要指的是美术馆、展览馆（大厅）、文化历史性的展览空间等。展览设计是以招引、传达和沟通为主要机能进行有目的、有计划的形象宣传的空间设计。它采用艺术设计手段借助于道具、设施和照明等技术，通过视觉、听觉、嗅觉、味觉和神经觉等全方位的设计充分调动人的潜能，将一定量的信息内容告之于众，达到对观众的心理、思想与行为产生有意义的影响，实现与观众完美的沟通的目的。

展示形式一般包括陈列组合与辅助展示：

1）陈列组合设计是陈列艺术设计的核心内容，是实际工作中工作量最大、花时间最多、工作周期最长的设计项目。陈列组合的工作内容分两大部分：一是整体的陈列组合，在确定陈列总体艺术风格的前提下，对陈列进行总体的布局安排，比如空间分配，内容段落的划分，各部分展线长短的权衡，序幕与结尾的重点处理，在陈列全线中在哪段哪节上设定重点陈列等。二是组合设计，组合设计的主体对象是以文物、标本为主的展览资料，根据陈列大纲、框架结构，有层次地编排展品，使它们建立起内在的联系，并通过展示道具展示之。

2）辅助展示。辅助展品指的是辅佐原件展出用的照片、灯箱、图表、图解、地图以及沙盘、模型等，也包括文字资料、布景箱和场景复原及绘画、雕塑等。辅助展品还包括了一些具有历史性的实物展品，通过展示，便于观众理解陈列的主题和意义。辅助性展品的设计制作必须具有科学性、艺术性和科技性，这三个特性既是设计制作的原则要求，也是评价辅助展品质量水平的客观标准。另外，辅助展示还要借助一定的现代高科技手段，如音响系统、立体或平面成像技术、可触碰多媒体演示系统等。全方位立体性的展示可使人们有一个更为直观、全面的感受。

第二节　展示空间设计案例

一、皮具专卖店方案设计案例

（作者：吴世铿　指导老师：康超）

◆方案设计要求

某商场品牌皮包专卖店，商品主要以休闲女包及钱包、皮带等女性饰品为主，该产品主要消费群体为高级白领。

1）要求店面体现该品牌的时尚、新颖，楼板底净高3.5m。

2）可设置橱窗展示或广告，店内应设有展示台、陈列柜及存货柜，小试衣间一个，收银台等，设计风格及选材自定，本皮包店原始结构如图4-2所示。

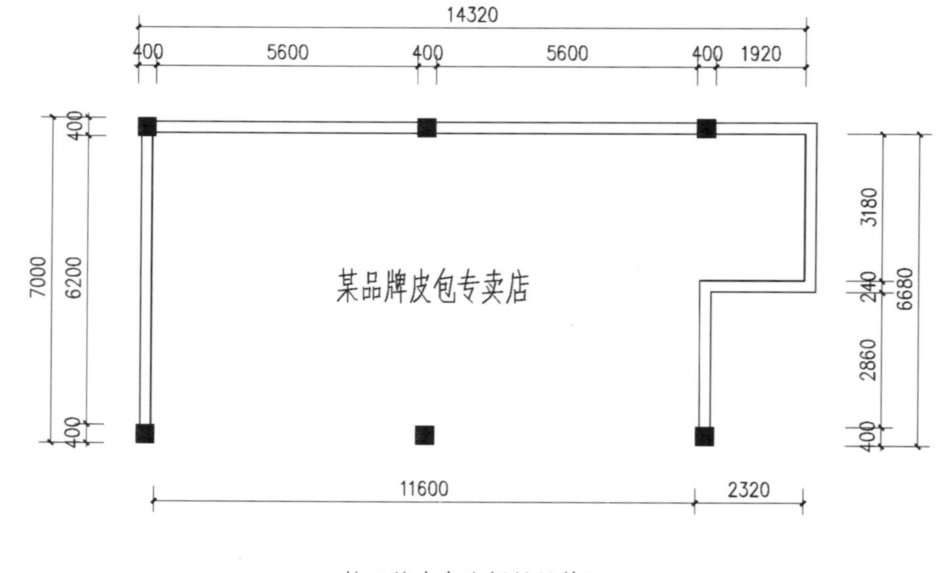

图4-2　某品牌皮包店原始结构图

◆方案设计分析

本皮包专卖店设在商场内部且面向的消费人群为都市高级白领，因此在设计风格上应现代、时尚，装修设计上应有高档次感，尤其是在色彩选择上应以暖色调为主，这样可以在商场内部众多的档口中脱颖而出，在功能安排上应重视商品的展示与宣传效果，以使客户对商品认可，其建筑功能分析如图4-3所示。

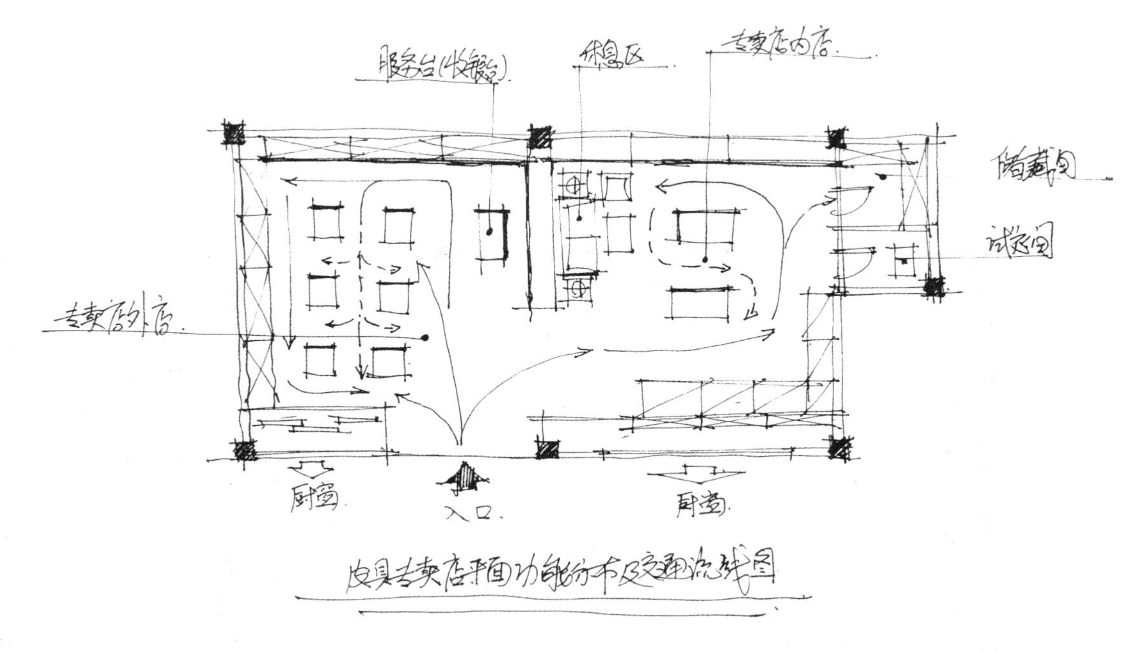

图 4-3　建筑功能分析图

◆方案设计说明

本方案在设计上采用的是现代风格，在色彩方面沿用当下皮具店较为流行的暖橙色调，在建筑平面功能布局上分为外展示区与内展示区：外展示区为商业橱窗展示区，内展示区为皮具专卖展示区，如图 4-4 和图 4-5 所示。通过品牌形象展示墙把内部展示区分为皮包专卖区以及钱包专卖区，同时穿插小型配饰展示。通过利用壁式展柜、展台等展示道具使店内空间更加有层次感，能给人以商品展示丰富的感觉，如图 4-6 所示。在装饰用材上：主体展示柜、展台等均采用红樱桃木饰面，地面用材为天然纹理大理石材，吊顶部分为实木栅格吊顶，整体提高了室内装修档次，如图 4-7~ 图 4-10 所示。

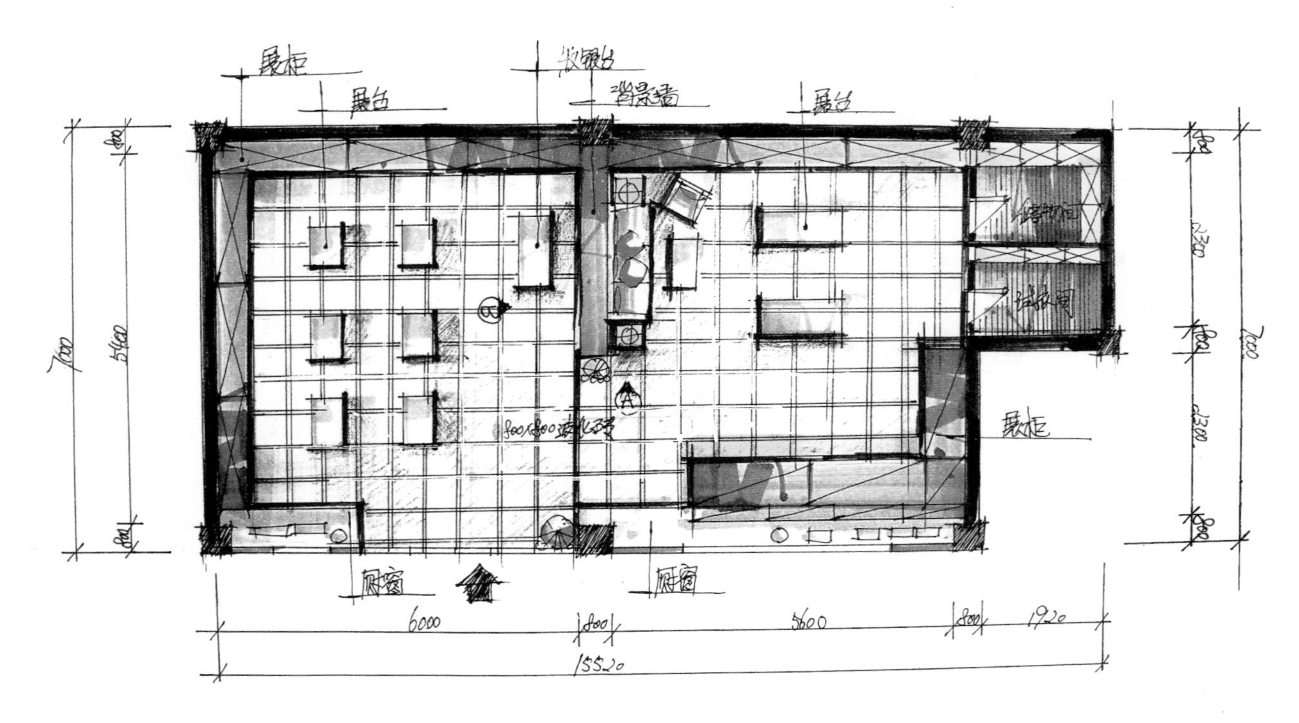

图 4-4　皮具店平面布局图（设计：吴世铿）

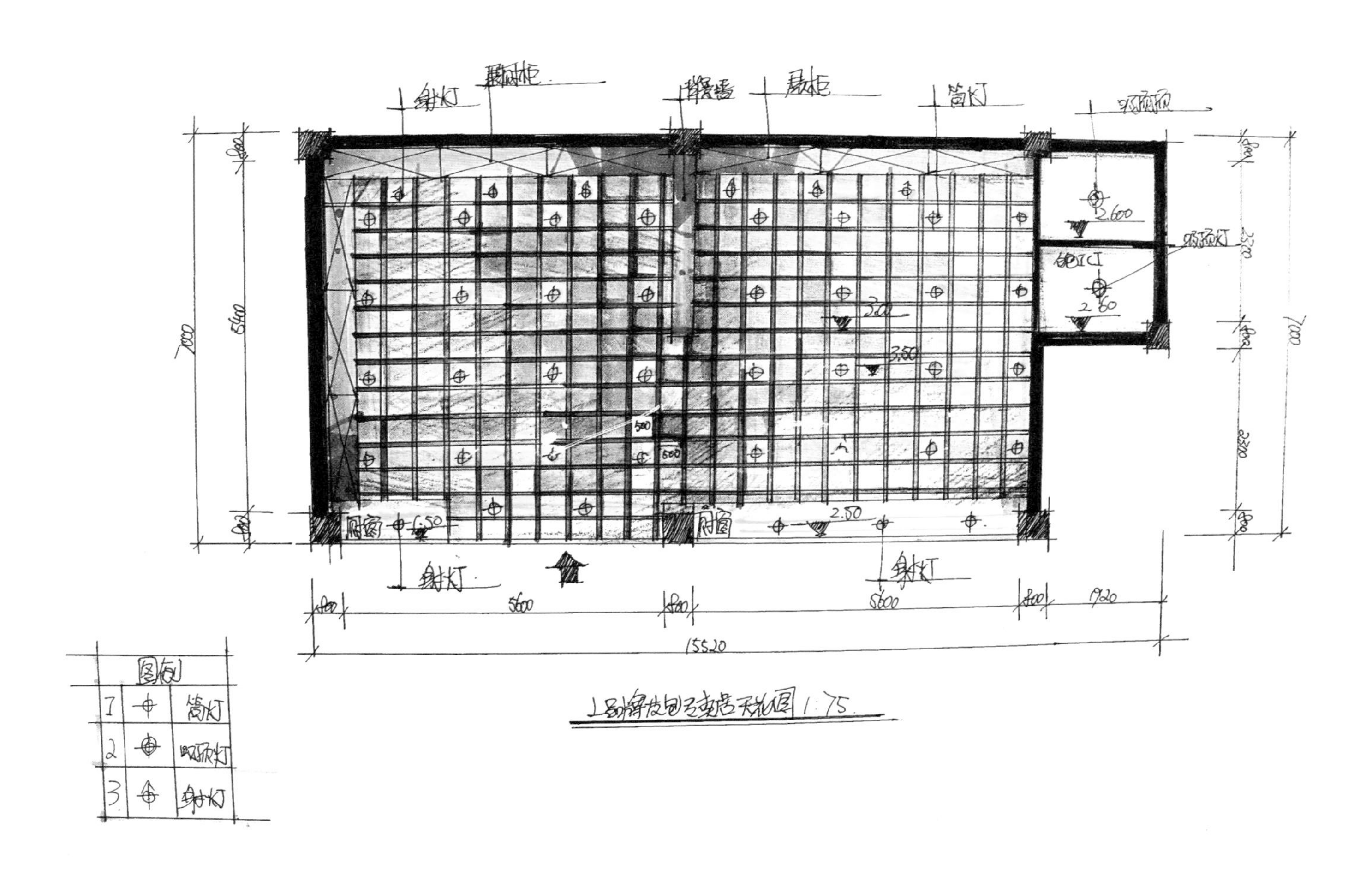

图 4-5　皮具店天花布局图（设计：吴世铿）

图 4-6　皮具店透视图（设计：吴世镗）

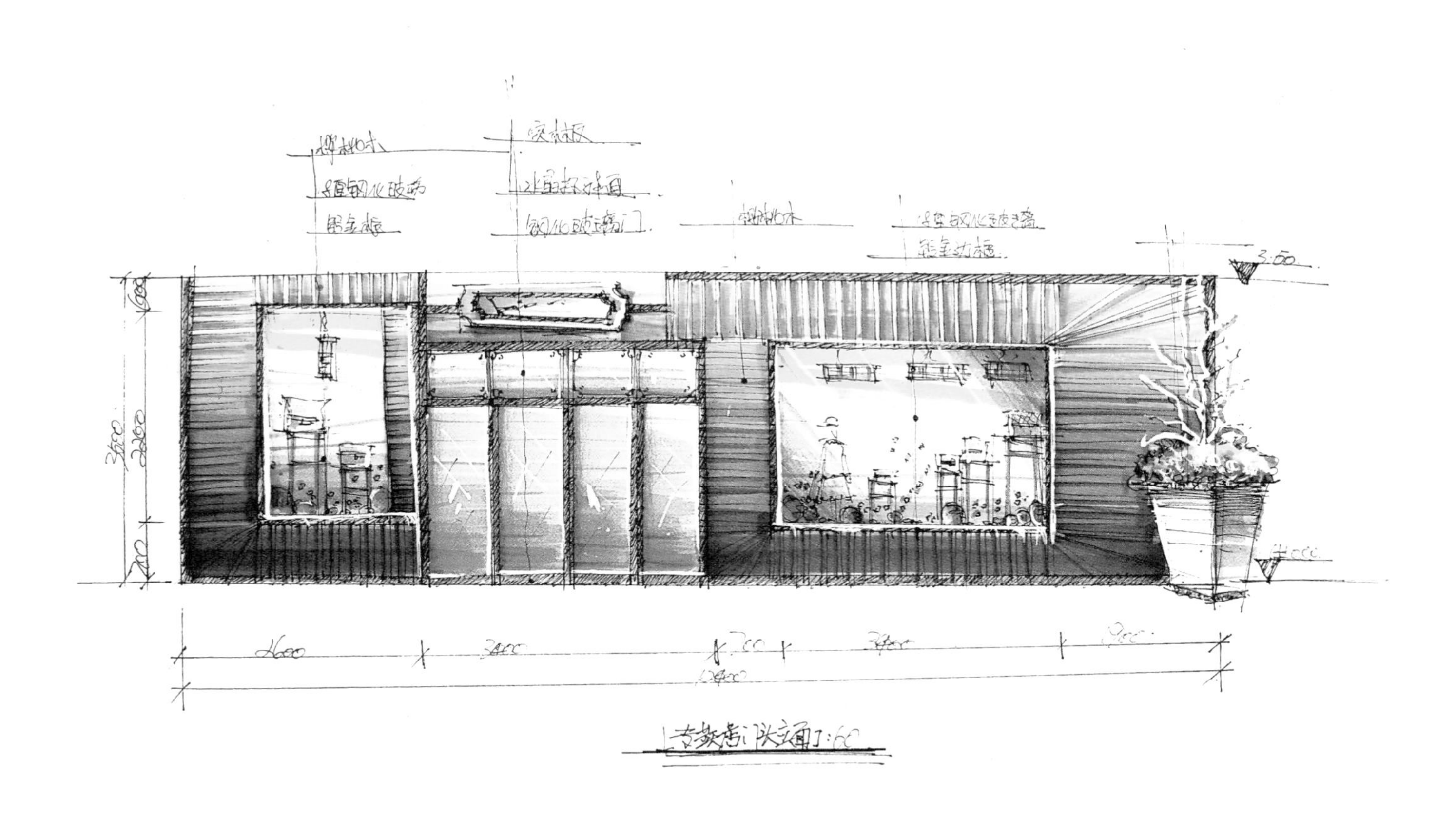

图 4-7　皮具店门头立面图（设计：吴世铿）

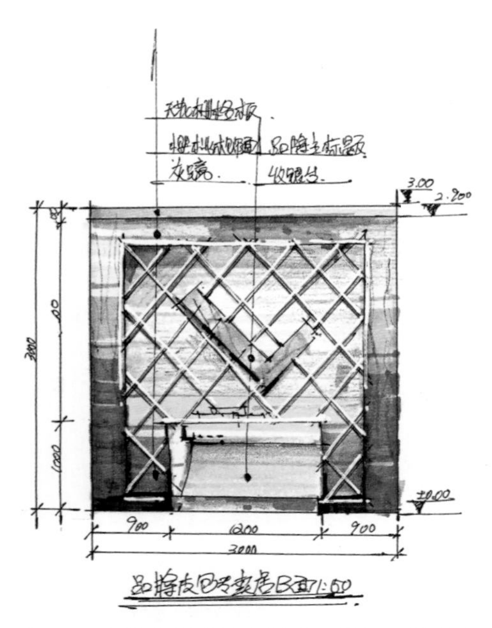

图 4-8　皮具店形象墙立面图（设计：吴世铿）

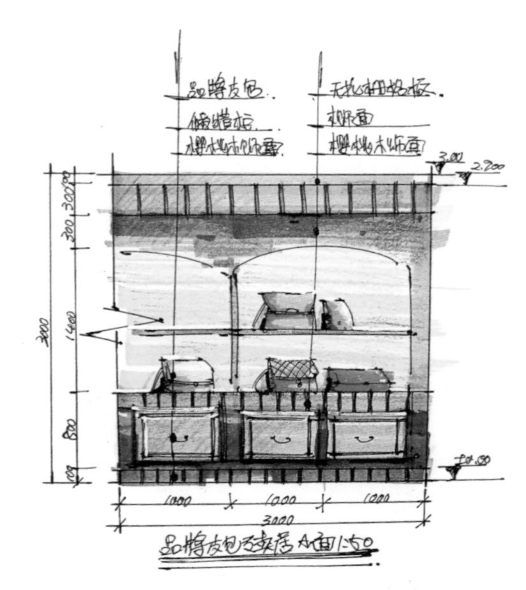

图 4-9　皮具店立面图一（设计：吴世铿）

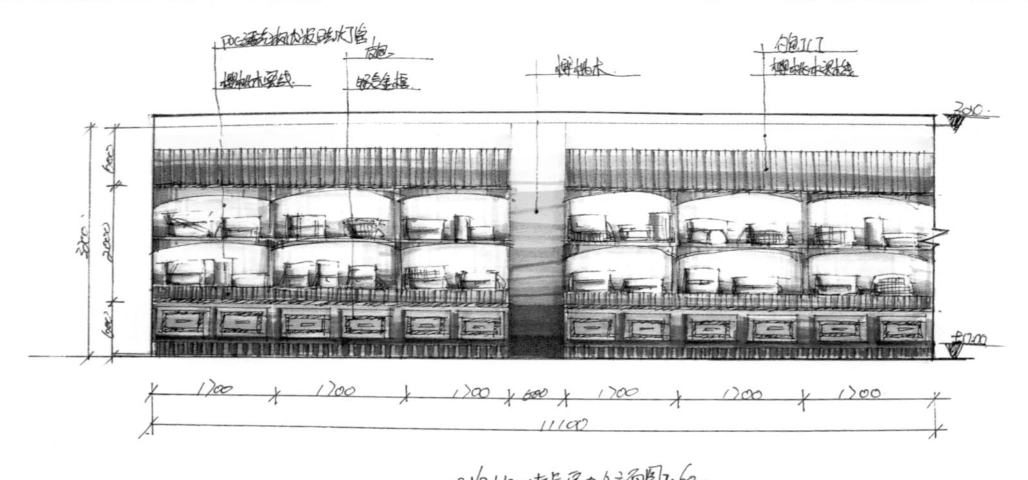

图 4-10　皮具店立面图二（设计：吴世铿）

二、某财校校史展示厅方案设计案例

◆方案设计要求

本案为某职业财经类学校的校史展示厅，该校为职业类技术学校，于 1952 年建校。要求为：

1）设计现代、大气，有一定的文化感、历史感，突出学校的行业特性。

2）设计应主题鲜明，能够体现财经类学校的特点，符合教育行业特征。

3）设计应结合学校的形象识别系统，该校形象色为：红、绿、白、浅灰，校史展示厅建筑平面图如图 4-11 所示。

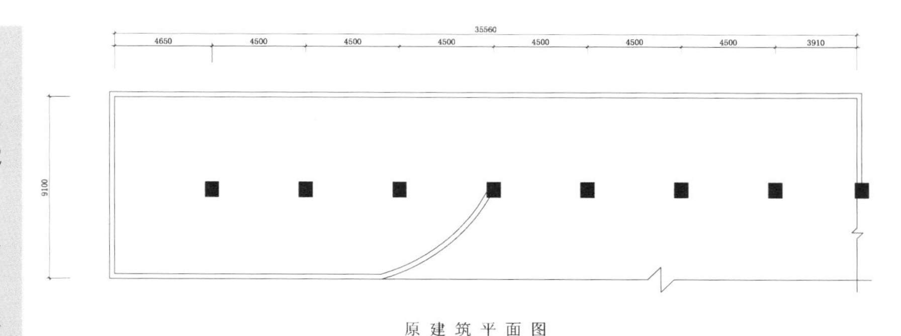

图 4-11　校史展示厅建筑平面图

◆方案设计分析

该方案为财经类职业学校的校史展示厅，在设计中应体现学校悠久的历史与文化，让参观者有一种文化的认同感，同时还要体现学校的现代教育机构的办学理念，因此应在设计风格上采用现代简约主义，色调选用上应考虑结合该校的企业形象色，即红、绿、白、浅灰色，以形成学校在形象识别上的统一感。在平面规划上应根据主题要求划分几个主题展示区域，使展示的内容更加丰富，有条理性，如图 4-12 所示。

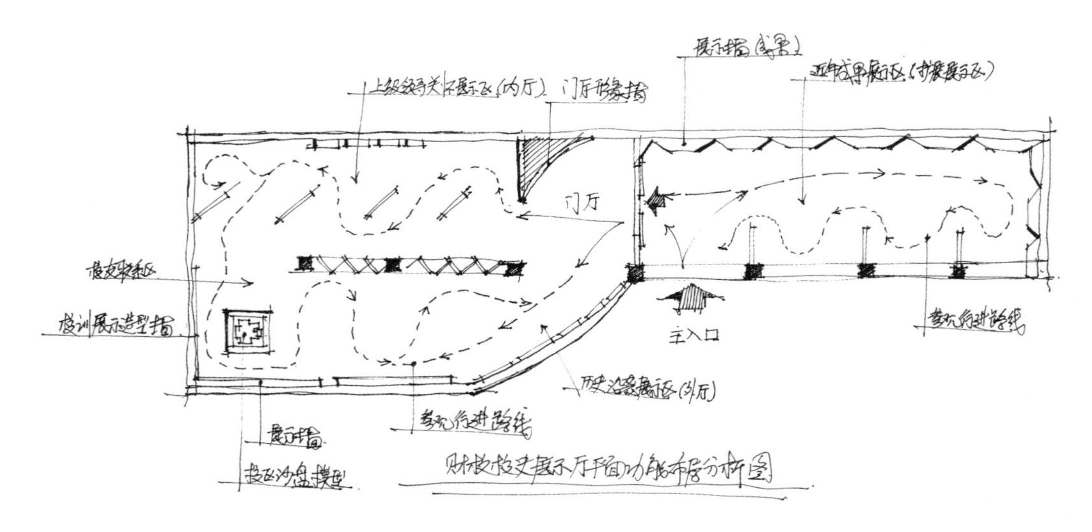

图 4-12　校史展示厅平面功能布局分析图

◆方案设计说明

本案在设计风格上采用现代主义的高亮调风格，主要考虑到展厅位于一楼大厅靠后的位置，采光不足，因此在装饰材料上多用白色玻化地砖、浅灰色艺术漆，以及不锈钢等亮色材质，如图 4-13 所示。在主要的背景造型墙装饰上采用深暖色木材与绿色拉毛灰面、浅灰色波浪板墙面搭配，给人以亲切之感，另外也符合学校的宣传色，在视觉上达到统一。另外，在整体的顶棚设计上采用钢化磨砂玻璃天棚加浅灰色铝材栅格吊顶的形式，这样可以把自然光引入厅内，达到节能目的，如图 4-14 和图 4-15 所示。

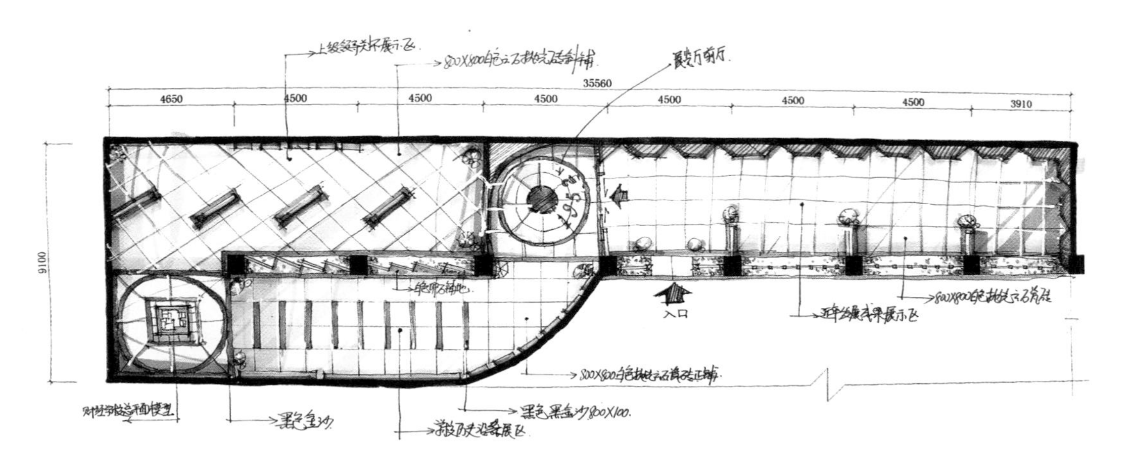

图 4-13 校史展示厅总平面布局图（设计：康超）

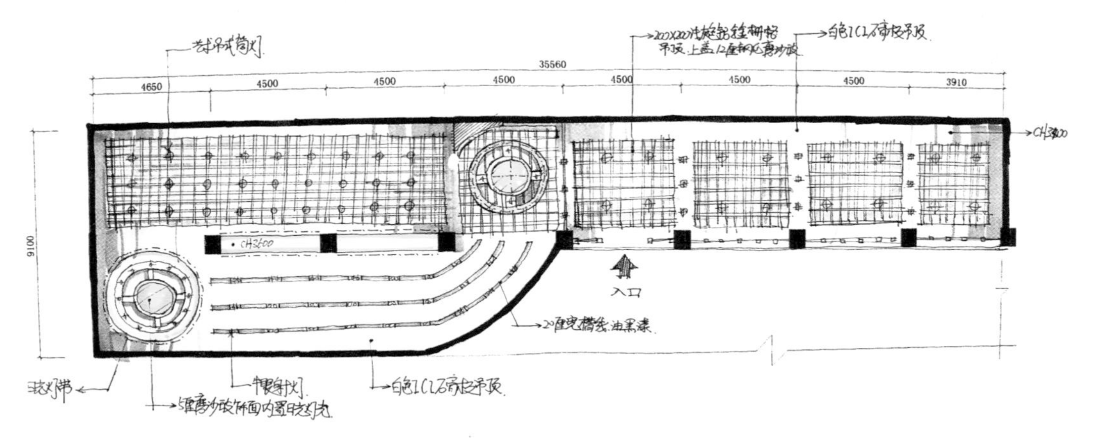

图 4-14 校史展示厅总平面天花吊顶布局图（设计：康超）

图 4-15　校史近年发展成果展示区（设计：康超）

本案在平面展示功能布局上可分为：近年发展成果展示区、历史沿袭展示区、校友联系区、上级领导关怀展示区四个部分，如图 4-12 所示。展厅平面布局总体设计应考虑到人流量及交通路线，因此布展以多点多路线为主。从主入口进入右侧展区为近年发展成果展示区，在布局上较为整体，视觉效果也较为统一，展示的内容形式主要以彩喷招贴宣传板为主，可以根据今后学校需求定期更换展示内容，如图 4-15 和图 4-16 所示。

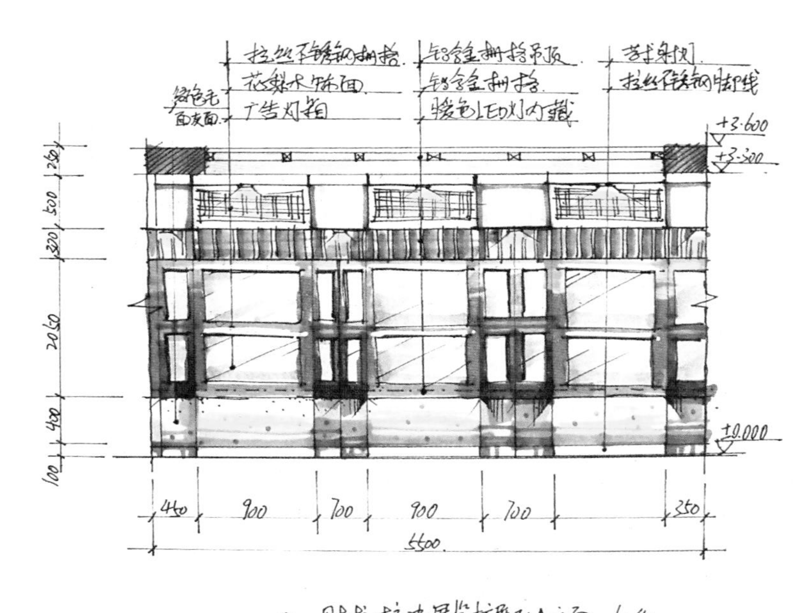

图 4-16　校史近年成果展示区局部 A 立面（设计：康超）

门厅部分在设计上主要突出地面造型与吊顶的呼应，并根据地面造型设一弧面背景造型墙，并装配超薄大尺寸液晶展示屏，使视觉效果更加集中，天花吊顶和地花都采用圆形设计，这样预示着学校的“和谐稳定”，同时“圆”也可理解为“元”，寓意着“才”和“财”。在圆形地花上装饰有“1952”年份字样，代表着学校特殊的年代与历史，如图 4-17 和图 4-18 所示。

在中心展示区，设有学校鸟瞰全景模型方形展示台，并与上面的圆形吊顶形成呼应，寓意为“天圆地方”，给人以稳定之感，同时加以背景造型墙衬托，此造型墙上镶嵌校训文字造型，并在材质上搭配板岩文化墙，给人以怀旧、历史认同之感，如图 4-19 和图 4-20 所示。

在领导关怀展示区内，中间用展示隔断斜 45° 布局，使空间更加有穿梭感、层次感。这样，观展人员就可以多路线地去看展示的内容，如图 4-21 和图 4-22 所示。

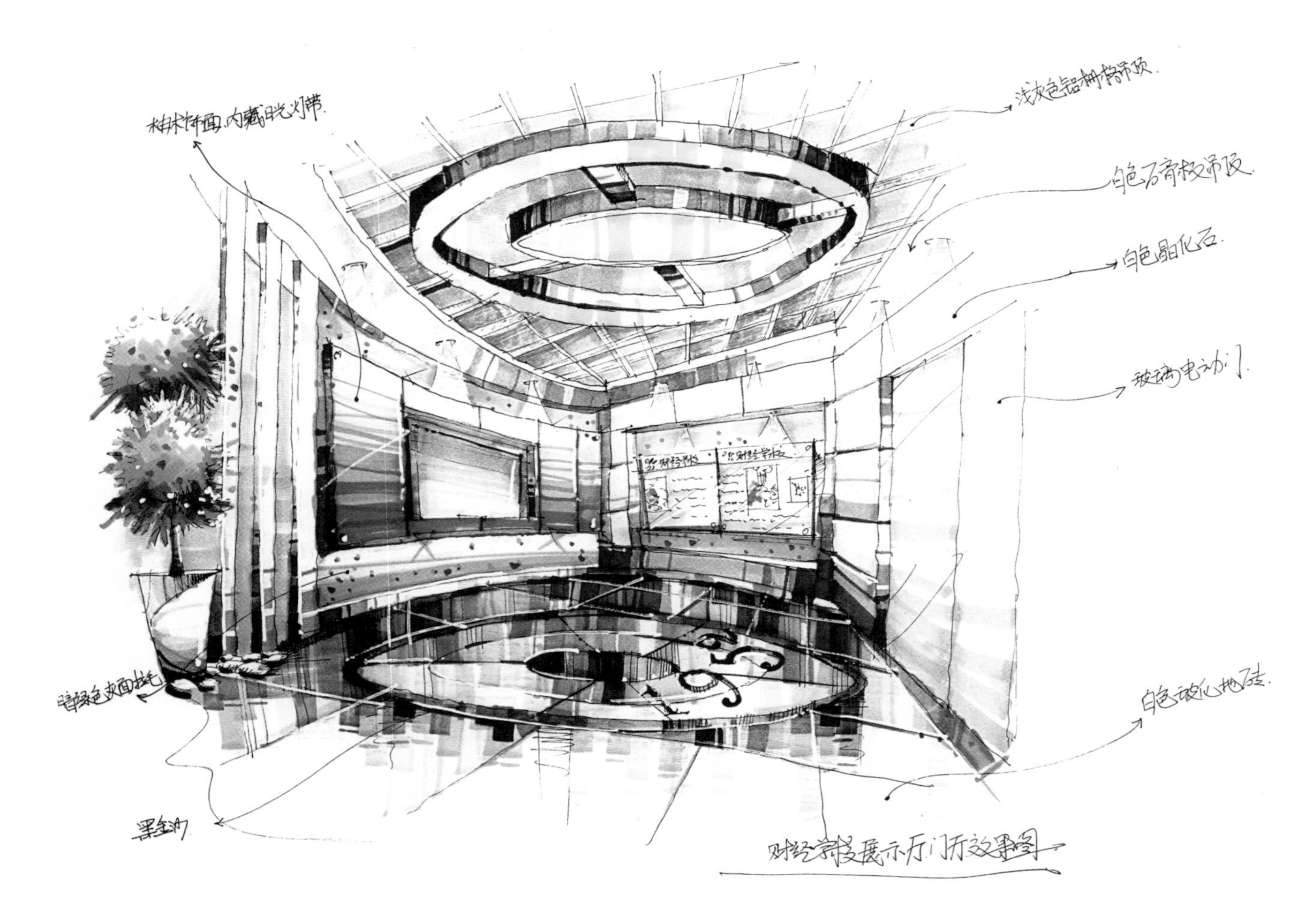

图 4-17　展厅门厅透视（设计：康超）

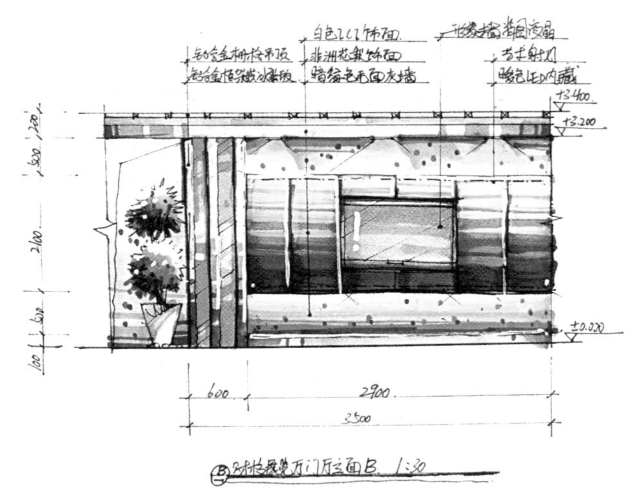

图 4-18 门厅 B 立面图（设计：康超）

图 4-19 中心展示区效果（设计：康超）

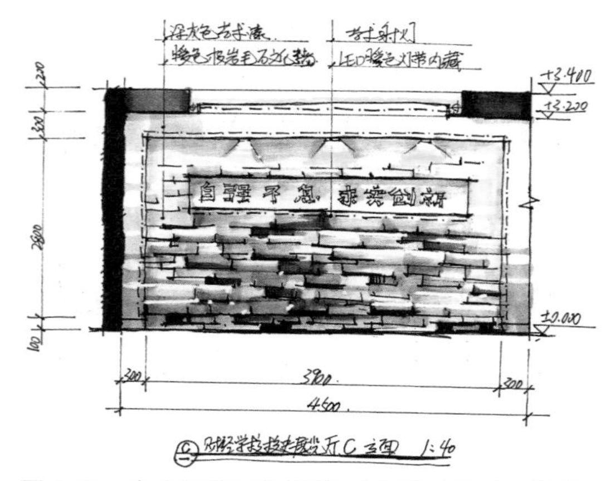

图 4-20　中心展示区校训墙 C 立面（设计：康超）

图 4-21　展厅内厅效果图（设计：康超）

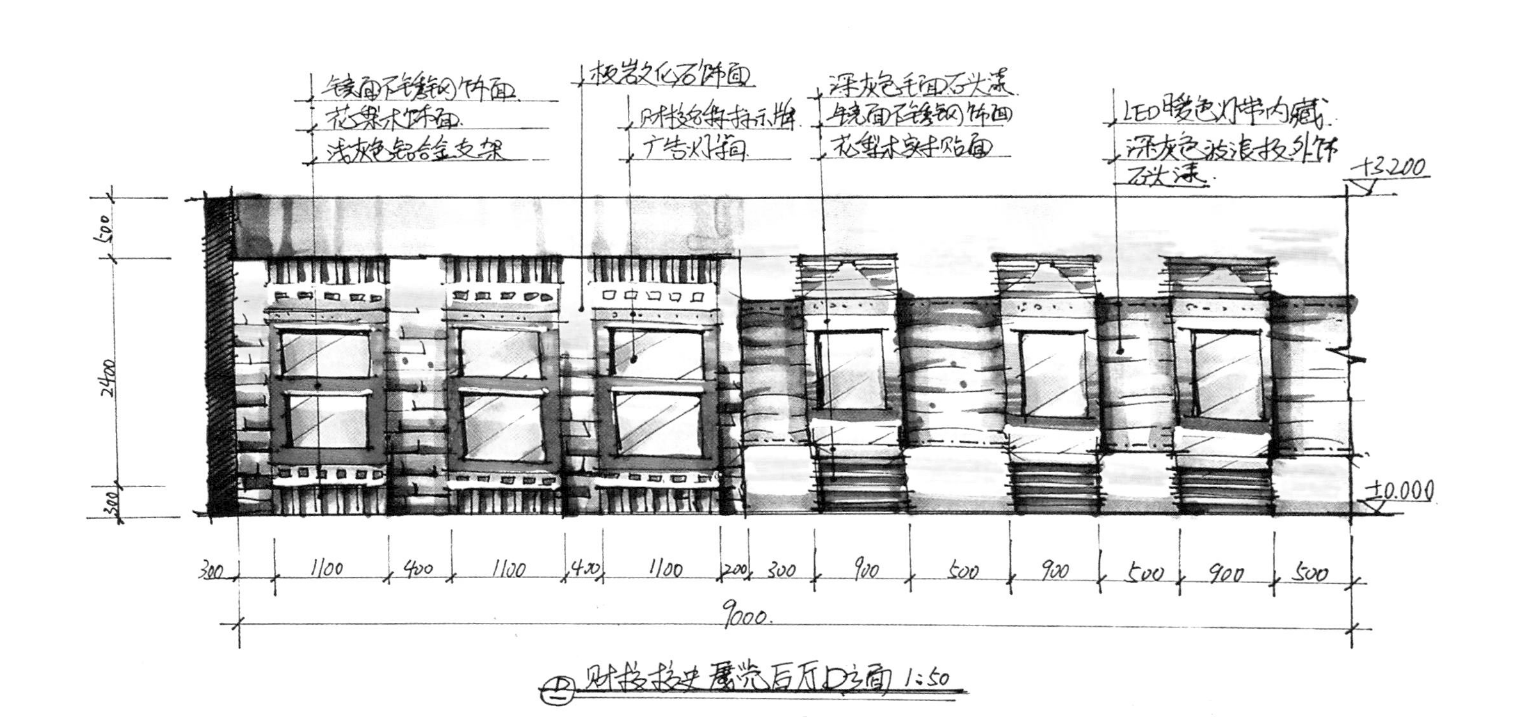

图 4-22　展厅内厅 D 立面（设计：康超）

附录 优秀作品欣赏

图 f-1　售楼部大堂效果图（和谐杯获奖作品）

图 f-2　中式客厅效果图（和谐杯获奖作品）

图 f-3　东南亚式室内客厅效果（和谐杯获奖作品）

图 f-4　VIP 房娱乐大厅效果图（和谐杯获奖作品）

图 f-5　中式客厅效果图（和谐杯获奖作品）

图 f-6　KTV 大厅效果图（和谐杯获奖作品）

图 f-7　欧式客厅效果图（和谐杯获奖作品）

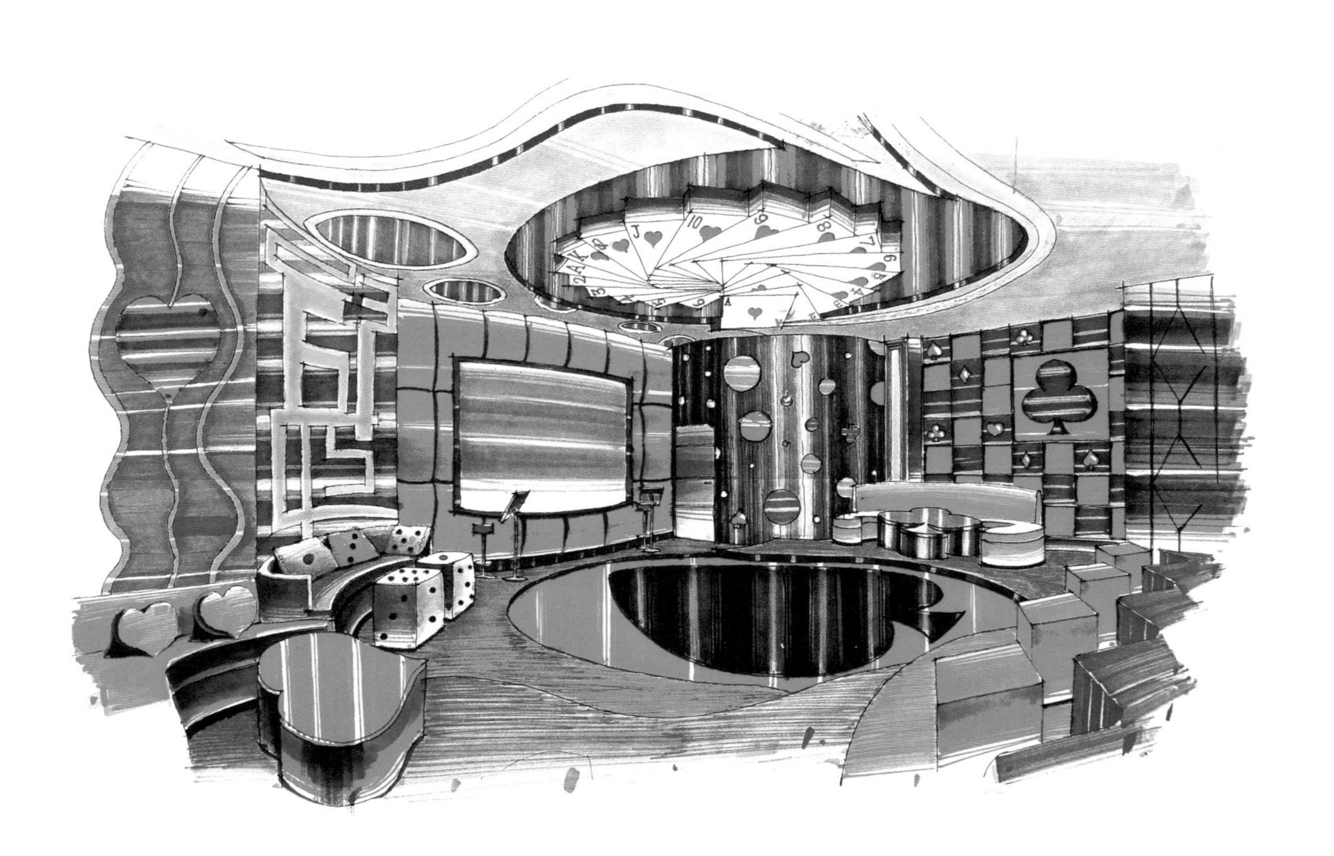

图 f-8　娱乐包房效果图（和谐杯获奖作品）

图 f-9　别墅客厅效果图（和谐杯获奖作品）

图 f-10　娱乐城 KTV 包房效果图（和谐杯获奖作品）

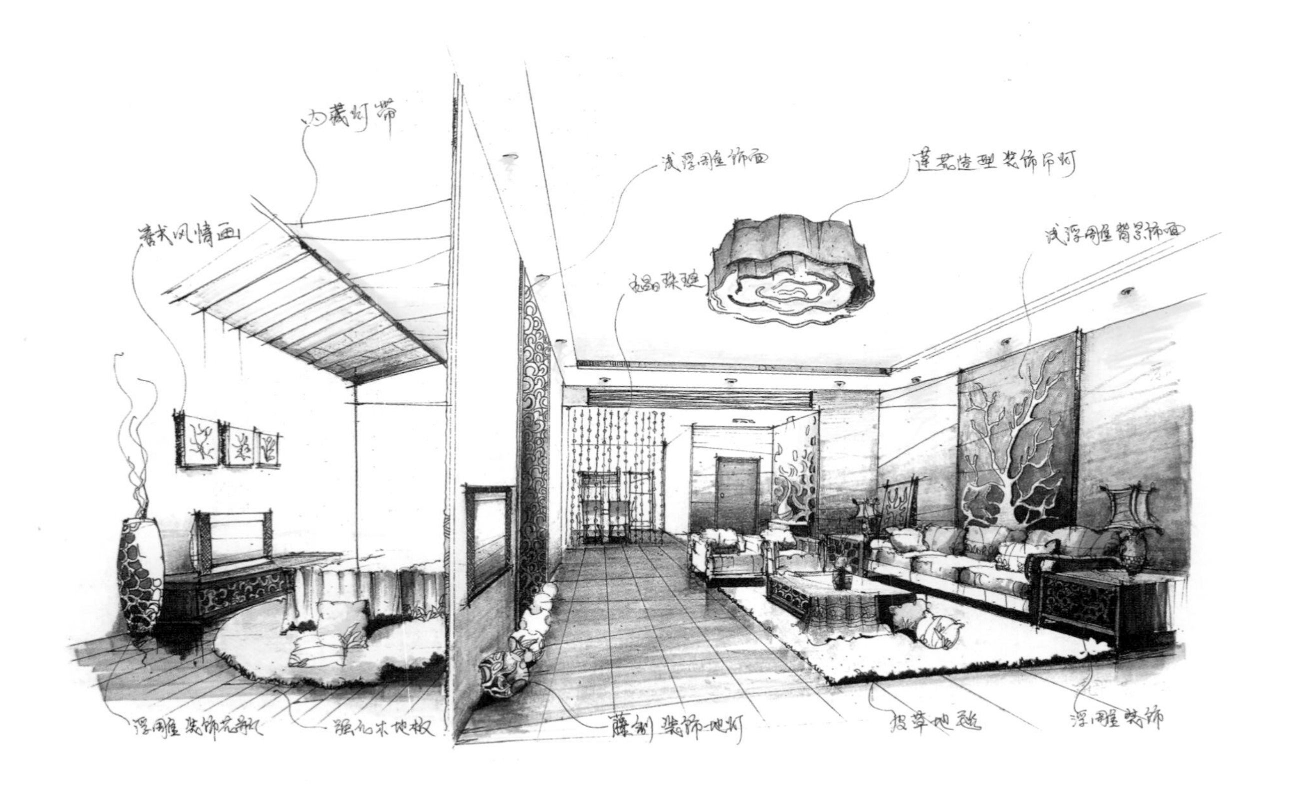

图 f-11　客厅效果图（和谐杯获奖作品）

图 f-12　别墅客餐厅效果图（和谐杯获奖作品）

图书在版编目（CIP）数据

室内装饰设计：手绘方案设计案例分析/康超，刘飞编．—北京：机械工业出版社，2013.2 （2017.1 重印）
教育部职业教育与成人教育司推荐教材．职业教育改革与创新规划教材
ISBN 978-7-111-41166-6

Ⅰ．①室… Ⅱ．①康…②刘… Ⅲ．①室内装饰设计－绘画技法－职业教育－教材 Ⅳ．①TU204

中国版本图书馆 CIP 数据核字（2013）第 026084 号

机械工业出版社（北京市百万庄大街 22 号 邮政编码 100037）
策划编辑：曹新宇 责任编辑：王莹莹
版式设计：霍永明 责任校对：陈立辉 姜 婷
封面设计：马精明 责任印制：邓 博
北京中科印刷有限公司印刷
2017 年 1 月第 1 版第 3 次印刷
240mm×186mm · 10.25 印张 · 200 千字
4001—5900册
标准书号：ISBN 978-7-111-41166-6
定价：45.00元

凡购本书，如有缺页、倒页、脱页，由本社发行部调换

电话服务 网络服务
社服务中心：(010)88361066 教材网：http://www.cmpedu.com
销售一部：(010)68326294 机工官网：http://www.cmpbook.com
销售二部：(010)88379649 机工官博：http://weibo.com/cmp1952
读者购书热线：(010)88379203 **封面无防伪标均为盗版**